Guanis de Barros Vilela Junior
Ricardo Pablo Passos

Inteligência Artificial nas Ciências da Saúde

Campinas-SP
Ricardo Pablo Passos
2020

Copyright© 2019 by Guanis de Barros Vilela Junior

Diagramação   Guanis de Barros Vilela Junior
Edição   Ricardo Pablo Passos
Capa   Ricardo Pablo Passos

---

V699   Vilela Junior, Guanis de Barros, 1958-
Inteligência Artificial nas Ciências da Saúde / Guanis de Barros Vilela Junior, Ricardo Pablo Passos - 1 ed. - Campinas, Editora CPAQV, 2020.
123 p. 22,86 cm

Inclui Bibliografia.
ISBN 979-86-176486-8-5

1. Afinal o que é Inteligência Artificial? 2. Aprendizado de Máquinas (Machine Learning) 3. Redes Neurais Artificiais Feedforward
I. Título.

CDD: 610
CDU:   6

---

**Observação:** Este livro foi revisado por pares

## Conselho Editorial Científico

Msc Brian Binkley (CSCS), KEISER UNIVERSITY, USA.
MBA Charla Girtman (ATC), KEISER UNIVERSITY, USA.
PhD Charles Ricardo Lopes, UNIMEP
PhD Cinthia Lopes da Silva, UNIMEP
PhD Claudia Regina Cavaglieri, UNICAMP
PhD Constantino Ribeiro de Oliveira Junior, UEPG
PhD Cynara Cristina Alves Pereira, UniMax
PhD Dênis Marcelo Modeneze, UNICAMP
PhD Eliana Lúcia Ferreira, UFJF
PhD Erika da Silva Maciel, ULT
PhD Fabio Silva Ferreira Vieira, FIEP
PhD Fabrício Cieslak UFPR
PhD Fernando Cavichioli, UFPR
PhD Fúlvia de Barros Manchado Gobatto, UNICAMP
PhD Guanis de Barros Vilela Junior, CPAQV; UNIMEP
PhD Gustavo Celestino Martins, Universidade Brasil
PhD Gustavo Luis Gutierrez, UNICAMP
PhD Heleise Faria dos Reis de Oliveira, UEPG
PhD Helena Brandão Viana, Unasp
PhD Heloisa Helena Baldy dos Reis, UNICAMP
PhD Jaqueline Girnos Sonati, UNICAMP
PhD Kleverton Krinski UENP
PhD Luciana da Silva Lirani UENP
PhD Luiz Alberto Pilatti, UTFPr
PhD Marcelo de Castro Cesar, UNIMEP
PhD Maria Beatriz Rocha Ferreira, UNICAMP
PhD Marília Velardi, USP
PhD Mauro Antonio Guiselini, IMG
PhD Miguel de Arruda, UNICAMP
PhD Roberto Vilarta, UNICAMP
PhD Rubens Venditti Junior, UFSCAR
PhD Sônia Cavalcanti Correa, MACKENZIE
PhD Stefane Dias, KEISER UNIVERSITY, USA.
PhD Vilma Lení Nista Piccolo, UFU

Esse livro foi avaliado e aprovado por pareceristas *ad hoc*

# INTELIGÊNCIA ARTIFICIAL NAS CIÊNCIAS DA SAÚDE
Dr. Guanis de Barros Vilela Junior

**Apresentação**

O objetivo deste livro foi de discutir a Inteligência Artificial (IA) e alguns de seus principais métodos para leitores não especializados na área. Para o leitor que procura maior aprofundamento existem dezenas de artigos e livros nas referências deste livro que podem ajudá-lo na especialização em alguma das subáreas da IA, que aliás, além de não serem consensuais, aumentam em número a cada ano. Especialmente nas ciências matemática e estatística, que continuam a conquistar progressos bastante promissores na solução de problemas que nem eram claramente identificados há 20 anos.

Trata-se de um livro sobre IA para pesquisadores da grande área da saúde (medicina e todas as suas especialidades, da clínica geral e da ortopedia até a psiquiatria; da fisioterapia e da reabilitação; da enfermagem, educação física, fonoaudiologia e biomedicina; da psicologia e todas as suas linhas; da biomecânica e todos seus diferentes métodos; das ciências do movimento humano, dentre outras).

Não se trata, com certeza, de um livro de aprofundamentos matemáticos e computacionais, dado o perfil de seus potenciais leitores, que querem e precisam compreender o que vem a ser esta área, para a maioria deles, uma grande novidade, mesmo diante do fato de que a IA esteja sendo pesquisada e aperfeiçoada há pelo menos 60 anos. Intencionalmente usei termos em inglês e sua tradução, aleatoriamente no texto, mas de fato, as expressões em inglês são muito mais utilizadas. Como existem conceitos ou definições muito específicas, foi elaborado um *Glossário* que antecede as referências, para auxiliar o leitor a ter acesso simplificado aos mesmos, especialmente na versão impressa do livro; na versão e-book, a tecnologia facilita muito, mas foi mantido na versão digital.

A inteligência Artificial e suas diferentes estratégias possui algo que para além do óbvio a torna extremamente fascinante: ela traz à tona, questões epistemológicas, filosóficas, sociológicas e neurológicas profundas que nos instigam a estudá-la cada vez mais.

Por ser uma grande área, radicalmente interdisciplinar e transfenomenal, ela exige para acontecer na prática, sinergias entre as diferentes áreas do conhecimento humano e como sempre afirmo em palestras sobre o tema, se alguém no mundo se auto proclamar especialista em Inteligência Artificial, eu te mostro um mentiroso.

Boa leitura e profundas inquietações!

Prof. Dr. Guanis de Barros Vilela Junior
Centro de Pesquisas Avançadas em Qualidade de Vida – CPAQV – Campinas, SP

# SUMÁRIO

Capítulo 1 – Afinal o que é Inteligência Artificial?     8
- Sobre o luddismo pós-moderno
- Como o Big Data potencializou a Inteligência Artificial
- Uma mudança de paradigma dos bancos de dados para a IA
- Distinção entre o que é dado, informação, conhecimento e sabedoria
- Por que melhorar a ontologia dos bancos de dados é crucial para a IA?

Capítulo 2 - Aprendizado de Máquinas (*Machine Learning*)     23
- O problema da classificação elementar
- Um classificador simples: Naive Bayes
- Lógica Fuzzy e sua aplicabilidade na Inteligência Artificial
- Uma rede neural simples: regressão logística
- Aprendizado supervisionado: K-Means e Análise do Principal Componente

Capítulo 3 - Redes Neurais Artificiais Feedforward     51
- Rede Neural Artificial (RNA) e sua representação matricial
- A Regra de aprendizado de um Perceptron
- Perceptron de Múltiplas Camadas (MLP)

Capítulo 4 - Redes Neurais Artificiais com backpropagation     61
- Calculando pesos e erros em uma rede neural artificial backpropagation

Capítulo 5 - Redes Neurais Convolucionais
- Utilizando uma RNA convolucional para analisar o movimento humano     69

Capítulo 6 – Redes Neurais Artificiais Recorrentes     73
- Rede de Hopfield
- Redes de Elman e Redes de Jordan

Capítulo 7 - Computação Cognitiva     78
- Vemos o que queremos ver?

Capítulo 8 - Bases matemáticas para a Inteligência Artificial     83
- Sobre números, relógios e seus mistérios
- Principais conceitos de cálculo vetorial, matrizes e álgebra linear na IA
- Principais Regras de limites
- Sobre a notação de Lagrange e de Leibniz

- Principais regras de derivadas básicas
- Principais regras de derivadas trigonométricas
- Principais regras de derivadas exponenciais e logarítmicas
- Principais regras de Integrais básicas
- Principais regras de Integrais trigonométricas
- Principais regras de Integrais exponenciais e logarítmicas
- Principais regras de Integrais hiperbólicas
- Integrais $u^2 + a^2$
- Integrais $u^2 - a^2$
- Teorema do Binômio de Newton
- Bases das operações com Matrizes

| | |
|---|---|
| Considerações finais | 101 |
| Glossário | 102 |
| Referências | 117 |
| Índice remissivo | 121 |
| Sobre o autor | 125 |

# Capítulo 1

## Afinal o que é inteligência Artificial?

**Guanis de Barros Vilela Junior**

A Inteligência Artificial (IA) não é uma ideia nova, e há, pelo menos, seis décadas, de alguma maneira, pesquisadores têm tentado simular em algoritmos computacionais o que o cérebro humano é capaz de fazer. Cientistas como Hebb, Albus, Turing, Maar, dentre outros, deram importantes contribuições para o desenvolvimento da IA. Hoje, existem várias abordagens do que venha a ser IA, e inclusive aqueles, que discordam do termo e adotam o termo computação cognitiva, posto que tudo que é exterior ao Sistema Nervoso Humano (SNC) humano, sob o ponto de vista da capacidade de resolver problemas como fazemos, pode ser considerado "artificial". Tal debate enriquece a área com o desenvolvimento de novas metodologias e possibilidades epistemológicas de se pensar o processo de construção do conhecimento científico advindo deste vasto campo de pesquisa que neste livro chamaremos Inteligência Artificial.

Portanto, o entendimento neste livro de Inteligência Artificial se refere a algoritmos computacionais capazes de pesquisar, identificar, elaborar, diagnosticar e tomar decisões acerca do mundo físico e virtual, com ou sem o auxílio de humanos, para inclusive se auto programarem com vistas à otimização dos processos e soluções direcionados à manutenção e melhoria da saúde humana e de seus ecossistemas em suas múltiplas dimensões.

Vários autores deram outras definições para a IA, por exemplo:

Para Bellman (1978) é a "Automação de atividades que associamos com o pensamento humano, como tomar decisões, resolver problemas, aprender..."

Para Kurzweil (1990) é "A arte de criar máquinas que realizam funções que requerem inteligência quando realizadas por humanos"

Para Winston (1992) é "O estudo de computações que sejam capazes de perceber, racionalizar e agir".

Para Nilsson (1998), IA ". . . Se refere ao comportamento inteligente de artefatos".

É evidente que qualquer possível definição para IA sempre terá que assumir os riscos intrínsecos ao usarem expressões como "racionalizar", "pensar", "perceber", "agir", "sentir" e seus vários sinônimos. Na definição que foi proposta acima, tentamos evitá-las, na tentativa de esclarecer que a Inteligência Artificial, aqui pensada, não quer ser uma caricatura do SNC humano com sua capacidade operacional e de auto-organização transfenomenal, conforme destacam Passos e Vilela Junior (2018). Trata-se de uma outra maneira de algoritmos tratarem dados e solucionarem problemas, que trazem em sua gênese, as limitações humanas de as programarem. Para exemplificar as *sensa* de um humano capaz de se emocionar diante de uma sonata de Schubert, provavelmente, são únicas para cada humano que a ouvir. Para um computador, aquela sucessão de acordes e notas musicais, será associada a um fenômeno acústico de vibrações no ar. Mas admitamos que um algoritmo seja desenvolvido (até sem a ajuda de humanos para isso), a associar e expressar algumas emoções diante dos sinais vibratórios captados. Mesmo assim, é improvável que seus *outputs emocionais*, tenham a riqueza, variabilidade e complexidade de como os humanos reagem diante de uma obra-prima. Aqui usaremos a máxima do barroco: *o todo é mais que a mera soma das partes*; e esta dimensão transcendente, com todas as suas agruras e belezas, é exclusividade humana. Mas, o leitor pode inquirir: "mas não passamos de uma mera orquestração bioquímica com nossos algoritmos genéticos, que lutam para se manterem operacionais pelo máximo tempo possível!" Pode ser, mas, mesmo assim, somos diferentes daquilo que criamos; aqui, *a criatura não se assemelha ao criador*. Neste sentido e para além dele, entendemos que a Inteligência Artificial é mesmo mais um *artefato*, que em sua raiz latina *ars, artis,* significa também, uma habilidade adquirida, um instrumento, que pode ser (e espera-se isto mesmo dele) capaz de realizar tarefas com mais eficiência que humanos, mais rápido, mais preciso e com o menor gasto de energia possível.

Usando uma metáfora simplista no quesito capacidade de se deslocar no espaço: a inteligência artificial está para a inteligência humana, assim como as rodas estão para as pernas humanas. Rodas ajudam muito, mas têm muitas dificuldades diante da variabilidade do ambiente e aí deixam de ser eficientes. Vale uma poética comparação: quem nasceu para ser drone nunca chegará a ser um beija-flor: a magia da vida é insondável.

Categorizando as diferentes compreensões que temos sobre a IA:
a figura 01, sintetiza a Inteligência Artificial, nas perspectivas do *pensar* e do *agir*.

**Figura 01**- Inteligência Artificial: uma primeira e limitada categorização.

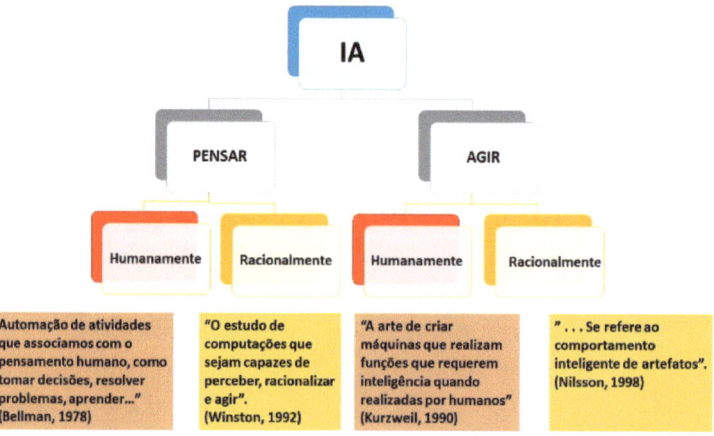

Fica patente a dificuldade desta possível tipificação das IAs, pois ela nos leva, inevitavelmente, aos questionamentos: o que é *pensar*? O que é *agir*? Quando *pensamos* não *agimos*? Quando *agimos* não *pensamos*? O que é *humanamente*? O que é *racionalmente*? Sim, para nós humanos, tudo isto emerge como um todo e somos esta complexidade que extrapola qualquer categorização possível. Mas pensemos num algoritmo de reconhecimento facial, enquanto ele está realizando sua tarefa, em plena ação, suas redes de processamento, estão permitindo ou não a passagem de, por exemplo, corrente elétrica, mapeando padrões e pontos, comparando-os, classificando-os, usando um método qualquer para isto. Veremos os principais métodos utilizados na IA nos capítulos subsequentes.

**Sobre o luddismo pós-moderno**

A história da ciência e da tecnologia está repleta de luddistas apavorados. O ludismo foi um movimento de operários que durante a revolução industrial inglesa, em 1811, se rebelaram contra as máquinas de tear que roubavam seus empregos em Nottingham, e as quebravam com marteladas. A expressão luddismo é derivada do nome da lendária figura de Ned Ludd, que revoltado, pegou um martelo e saiu quebrando todas as máquinas da indústria onde trabalhava. O luddismo se espalhou rapidamente por outros países que passaram pelo processo de substituição da mão de obra humana por máquinas. Daí surgi o movimento sindicalista que conquistou melhores condições de trabalho para os trabalhadores conforme esclarece Hobsbawnn. A chamada indústria 4.0 continua tirando o emprego de milhares de trabalhadores em todo o mundo; tal fenômeno se iniciou em países de primeiro mundo e agora está em franca implementação inclusive em países em desenvolvimento. Cruel, à primeira vista, mas foi assim há séculos, o homem não nasceu para fazer o serviço pesado e perigoso. O desafio posto aos governantes é desenvolver políticas educacionais de capacitação destes trabalhadores para setores onde a presença humana é vital: criação, arte e inovação. A figura 02 mostra os estágios da IA; que não são hierárquicos e todos já são bastante pesquisados em todo o mundo.

**Figura 2** – Estágios da Inteligência Artificial, a busca da consciência?

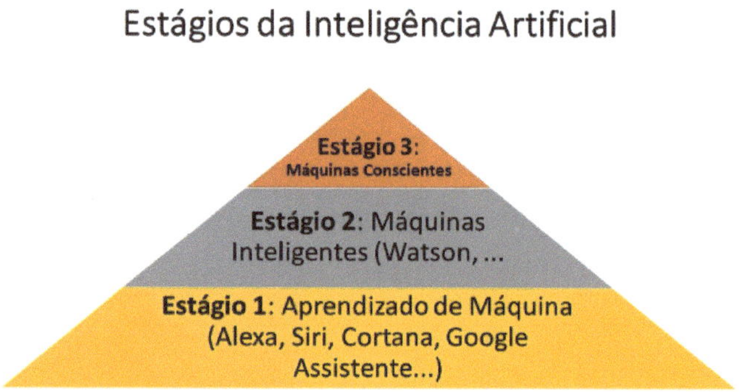

Estágios da Inteligência Artificial

**Estágio 3:** Máquinas Conscientes

**Estágio 2:** Máquinas Inteligentes (Watson,...

**Estágio 1:** Aprendizado de Máquina (Alexa, Siri, Cortana, Google Assistente...)

O mais nobre destes estágios é obviamente, a consolidação de máquinas conscientes, que obviamente, sendo conscientes, minimizaram o sofrimento humano, especialmente no mundo trabalho. Em breve, edifícios inteiros, a mineração, altamente insalubre, resgates em catástrofes, dentre muitas outras situações de risco, serão realizadas por robôs com IA de alto nível, ou seja, capaz de ter consciência para preservar a vida humana em todos os contextos. Cabe aos humanos julgarem-se a si mesmos, apesar, da IA já ser utilizada em alguns países na justiça criminal e civil. Em 2020, sabemos que algoritmos inteligentes forma decisivos nas eleições nos USA, Brasil, dentre outros países, ditos democráticos. Estes são exemplos de uso não ético da tecnologia. Ou seja, o problema não é a tecnologia; da mesma maneira que usam aviões para bombardear população civil em vários países há 100 anos, não por isso e apesar disto, a aviação civil, apesar de profundamente anti sustentável e uma das maiores poluidoras do planeta, continua prestando serviços para cerca de 4 bilhões de pessoas por ano. Com a Inteligência Artificial não é diferente, pois, obviamente já existem vários algoritmos inteligentes, rastreando a vida privada de de boa parte da população, sem autorização do usuário ou com a hipocrisia da autorização, supostamente legal, que todo indivíduo dá ao aceitar as políticas de privacidade ao instalar um aplicativo ou ao usar qualquer solução na nuvem. Ou você aceita as políticas de privacidade ou termos de uso, ou você, mesmo pagando não tem direito de usar. Leia os termos de privacidade e talvez você tenha que repensar o uso de toda esta tecnologia em sua vida. Fato: a internet hoje é a maior fonte de invasão da privacidade do cidadão, grandes empresas transnacionais e até mesmo um ingênuo aplicativo, não raro é utilizar para, ilicitamente, *"roubar"* seus dados, a palavra roubar está entre aspas, pois você teve que concordar com os termos delas. O nome disso: ditadura da internet. É evidente que o discurso ético destas empresas de tecnologia é muito mais retórico do que real; isto, certamente, está empurrando milhões de usuários a usarem outras tecnologias, na tentativa de se sentir, minimamente seguro na internet. Detalhe, a existência de marcos regulatórios para a internet é um primeiro passo, mas estamos longe de uma internet livre, ética e democrática. No papel, vários países já aprovaram marcos regulatórios, mas a realidade é outra.

    Discursos apocalíticos relativos à IA são mais ficcionais que qualquer coisa diante da realidade cruel que a maioria da população mundial vive. A IA é potencialmente capaz de diminuir as diferenças sociais e econômicas no planeta. O maior risco à espécie humana são os próprios humanos. É pueril, tentar desviar o foco para as tecnologias ou para asteroides que podem colidir com a terra.

## Como o Big Data potencializou a Inteligência Artificial

Talvez seus avós ou pais lembrem-se de tempos em que não existia massivamente, nada comparável à internet como a conhecemos hoje. Quem tinha o privilégio de ter acesso a um computador mainframe nos anos 70 do século passado certamente estava na área de exatas em alguma boa universidade em alguns países. Nos anos 80 surge o Personal Computer (PC) que armazenava seus arquivos em disquetes de vários tamanhos, cujas capacidades de armazenamento foi aumentando gradativamente. Tempos de *Bouletin Board System*, as famosas BBS, via rede telefônica, eram um embrião do que evoluiu para a internet gráfica do início dos anos 90 do século XX; no Brasil cerca de umas 15 BBS, a maioria no estado de São Paulo, Rio de Janeiro e Minas Gerais; era um clube tão fechado, que até reuniões de confraternização eram realizadas para discutirmos as novas tecnologias que estavam disponíveis no mercado. Com as BBSs fazíamos praticamente tudo que fazemos em uma rede social hoje, trocávamos textos, músicas, fotos, softwares e o bate-papo ia madrugada adentro com comando de texto verde na tela preta do MS-DOS ou similar, fora isto, basicamente os dados eram armazenados localmente e compartilhados com sua equipe de trabalho e a utilização de banco de dados eram irrisórias. Estes começam a ser utilizados nas empresas de telecomunicações, no sistema bancário, nos sistemas da governança federal, estadual e municipal, nas empresas de logística, nas universidades, nas companhias aéreas e ao longo de anos empresas de todo tipo começaram a consolidar um banco de dados de seus clientes. Muitos deles restritos exclusivamente aos computadores que compunham a rede de computadores da empresa.

Bancos de dados são bons para armazenar grandes volumes de dados e acessá-los com bastante eficiência e muito mais rápido que um humano para executar a mesma tarefa, vejamos um exemplo saudosista: há 50 anos, existiam as famosas listas telefônicas, um imenso livro impresso, com o nome, endereço e telefone de toda cidade; imagine o tamanho da lista telefônica da cidade de São Paulo, letras minúsculas, por ordem alfabética, e o usuário demorava uns bons minutos para encontrar o número do telefone que queria. Esta tarefa, uma simples busca em uma lista, é um conceito basal no chamado *Big Data* atual. Buscar e cruzar dados em diferentes bancos de dados é tarefa crucial para a maioria dos aplicativos que utilizamos hoje e essencial para este novo *boom* nas pesquisas e soluções da inteligência artificial. Basicamente o que mudou foi a capacidade de armazenar dados e a velocidade de processamento dos mesmos, mas dados, sempre serão simplesmente dados, ou seja, pouco servem se não forem tratados de maneira rigorosa e robusta. Seria algo tão patético, quanto alguém que não saiba ler (segundo a UNESCO, em 2018 existiam 750 milhões de analfabetos no mundo) querer ler a obra completa do poeta Fernando Pessoa.

A memória humana, armazena dados, informações e conhecimentos de maneira, geralmente, associativa e hoje a neurociência sabe da importância dos neurônios de Purkinje neste processo. Em computadores toda informação é armazenada em última instância como um conjunto de dados binários (0 ou 1) chamados de bits; com a computação quântica isto será alterado estruturalmente, pois funciona com *qubits* que trazem consigo o princípio da incerteza de Shoröndinger; com estes computadores, problemas hoje impossíveis de serem calculados, serão resolvidos rapidamente. Em um exemplo: um computador tradicional "lê" um livro letra por letra, linha por linha, para encontrar uma palavra no mesmo, ao passo que um computador quântico "lê" todo o livro de uma vez só, e executa esta tarefa com uma eficiência muito maior. A Lei de Moore (um dos fundadores da Intel®), ao enunciar que o número de transistores por centímetro quadrado em um microchip dobrava a cada ano, enquanto os custos eram cortados pela metade (desde a sua invenção em 1958), será rompida com a computação quântica. Existem várias empresas no mundo que estão testando seus computadores quânticos, as principais são: D-wave ®; Rigetti ®; Quantum ®; IBM ® e CQC ®. Os resultados são promissores e especialistas afirmam que por volta de 2030 a computação quântica estará consolidada. O impacto desta tecnologia será crucial para o avanço da Inteligência Artificial, em aplicações de criptografia, previsão do tempo, bolsas de valor, indústria farmacêutica, controle neuromotor, genética, dentre outras.

Nós, humanos, acessamos nossos bancos de dados neuronais de maneira radicalmente diferente de um banco de dados computacional. Por exemplo, admitamos que sejam mostrados a um humano, minimamente culto, dez telas pintadas por diferentes artistas, uma de cada um dos seguintes pintores: Caravaggio, Goya, Dalí, Picasso, Di Cavalcanti, Tarsila do Amaral, Pollock, Vermeer, Turner e Andy Wharol. Este humano, facilmente identificaria cada uma das obras e seu respectivo autor, ao passo que um computador com um bom algoritmo de inteligência artificial teria dificuldades em realizar esta tarefa com a eficiência do humano. São processadores que operam de maneira diferente, o cérebro humano é altamente holístico e associativo, ao passo que os algoritmos da IA usam força bruta para fazer esta identificação.

Um banco de dados no início da Internet no começo dos anos 90 processava por volta de 100 G de dados por dia, passados 30 anos temos bancos de dados capazes de processar mais de 60000 G por segundo. Um aumento significativo, ou seja, o processamento aumentou sua velocidade por volta de 86000 vezes em 30 anos, para efeitos comparativos, a velocidade dos aviões em 100 anos de aviação aumentou no máximo 25 vezes, considerando os caças supersônicos da atualidade.

Com o advento da Inteligência Artificial, uma das questões centrais é o conceito de *inteligência* que pode ser considerado como um fenômeno que acontece, no caso do cérebro humano, através dos famosos 4 Ps: *Percepção, Processamento, Persistência e Performance*. São exatamente estes 4Ps que a grande área da Inteligência Artificial persegue em suas diferentes abordagens metodológicas.

Humanos são muito eficientes em tarefas que envolvam raciocínio, percepção e processamento natural de linguagem, ao passo que computadores, são mais eficientes em tarefas como análise de mercado, análise de dados científicos e diagnósticos médicos. Portando, o desafio da IA hoje é melhorar sua performance naquilo que os humanos são melhores. Por exemplo, há mais de 10 anos ouvimos promessas da comercialização de carros autônomos que libertariam os humanos em milhares de horas que gastam em suas vidas realizando esta enfadonha tarefa. Fato é que em 2020 nada de carro autônomos no mercado. Por quê? Se estes trariam uma revolução nos transportes e uma diminuição enorme no número de acidentes envolvendo veículos, sabidamente causados na maioria das vezes por falha humana. A resposta é obviamente complexa: muitos interesses de natureza econômica envolvidos; que passam pela indústria farmacêutica, pelas profissões da saúde, planos de saúde e seguradoras, e até mesmo, o policiamento de trânsito que não teriam quem multar. Mas estes interesses classistas exigirão esforços para realocar estes milhões de trabalhadores em outras atividades. Outra parte da resposta é a própria tarefa de *dirigir um veículo*, seja um carro, caminhão, navio ou avião: a complexidade da mesma é enorme. Dirigir um veículo depende de muitas habilidades perceptivas e responsivas efetuadas em frações de segundo. Especialmente se está tarefa esteja acontecendo em um ambiente com grande variabilidade de eventos simultâneos, por exemplo, numa rua com trânsito intenso de outros veículos e pedestres. Os protótipos de hoje funcionam bem em estradas bem sinalizadas ou no *campus* tranquilo de uma universidade. Estes carros precisam melhorar a IA que utilizam, a eficiência com que realizam a tarefa, no menor tempo, com precisão e economia de energia. Isto exige a consolidação de uma nova estruturação dos bancos de dados. Este é o tópico discutido a seguir.

**Uma mudança de paradigma dos bancos de dados para a IA**

Como já foi dito o Big Data foi uma das principais inovações tecnológicas dos últimos 20 anos, sem estes provavelmente a IA não teria conseguido o impulso que conseguiu. De alguma maneira, o Big Data alimentou a IA e vice-versa, uma simbiose que representa uma mudança de paradigma do que é um banco de dados pode fazer.

Isto foi possível com o aumento da capacidade de armazenamento dos *datacenters* e de sua velocidade de processar dados. Este avanço tecnológico tem possibilitado, por exemplo, processar dados em tempo real; amostras cada vez maiores nos experimentos e simulações, o que melhora a acurácia dos achados científicos e das soluções consequentes; trabalhar com dados estruturados, semiestruturados e não estruturados; utilizar fonte de dados múltiplas e heterogêneas; analisar grande volume de dados em milissegundos e acelerar a curva de aprendizagem nos algoritmos da *machine learning*.

**Distinção entre o que é dado, informação, conhecimento e sabedoria**

Um aspecto importante na ciência e, portanto, também no nosso cotidiano é a diferenciação entre o dado, informação, conhecimento e sabedoria. Por exemplo, o número 220 é apenas um dado numérico, no entanto 220 km/h agrega valor naquele dado e temos uma informação sobre velocidade de algum objeto. Esta informação 220 Km/h para um carro na rodovia Bandeirantes, gera um conhecimento de que um motorista apressado está excedendo em 100 Km/h o limite máximo permitido nesta rodovia, este conhecimento, usado com sabedoria, pode além de multar o motorista, caçar sua licença para dirigir por seis meses, pois ele não tem o direito de colocar a vida de outras pessoas em perigo. Um dos maiores desafios da IA é desenvolver máquinas dotadas de sabedoria.

Sabe-se que por volta de 80 % dos dados eletrônicos gerados na atualidade são do tipo não estruturados, ou seja, não são imagens, vídeos, textos ou áudios, são dados não estruturados ou semiestruturados que precisam ser tratados. E isto não é uma tarefa simples pois precisa ser universal, para que diferentes bancos de dados conversem entre si em uma escala que talvez esteja fora da capacidade humana de compreendê-la plenamente. Neste contexto pensar uma *ontologia* para o *big data* tem sido amplamente discutida.

**Por que melhorar a ontologia dos bancos de dados é crucial para a IA?**

No sentido que o filósofo Heidegger deu ao termo *ontologia* se refere à reflexão abrangente do ser e de suas diversas maneiras de existir, mas estamos a falar da dimensão ontológica do humano que precisa estar cada mais vez explicitada nos bancos de dados. Parece complexo, mas a ideia subjacente é simples, quando mais humanizado for a *big data*, melhor serão as soluções em IA que eles possibilitarão.

A figura 3 mostra, esquematicamente, o que é a ontologia em um banco de dados, que ao aumentar sua complexidade, é capaz de realizar operações complexas e com parâmetros semânticos.

**Figura 3** – Ontologia de um banco de dados e o aumento da complexidade

Ainda na Figura 3, é preciso esclarecer que independentemente do nível de complexidade utilizado no banco de dados, o mais importante é que o mesmo atenda da melhor maneira possível o objetivo da solução. Uma lista de doenças infectocontagiosas, pode ser facilmente associada aos sintomas clínicos de cada uma delas. Um conjunto de artigos científicos sobre uma doença infectocontagiosa específica pode gerar um glossário de definições chave para esta doença. Isto, associado com um conjunto de imagens de vídeo, RX, tomografias, ultrassom, que tratados por um conjunto de restrições lógicas é capaz de identificar o estágio da doença e qual o melhor tratamento para o caso.

As ontologias de banco de dados apresentam características que devem estar presentes no desenvolvimento de soluções em inteligência artificial, são elas:

- Devem estar completas para que todos os aspectos das entidades sejam cobertos.

- Devem ser inequívocas, minimizando erros de interpretação por humanos e por softwares.

- Devem ser consistentes com o conhecimento do domínio para o qual são aplicáveis. Por exemplo, as ontologias para análise do movimento humano devem aderir as terminologias e relacionamentos formalmente estabelecidos nas ciências do movimento humano.

- Devem ser genéricas para serem reutilizadas em diferentes contextos.

- Devem ser extensíveis para adicionar novos conceitos e facilitar adesão de novos conceitos, que emergem com o crescente conhecimento.

- Devem ser legíveis por máquinas e capazes se comunicarem.

As vantagens de usar ontologias em banco de dados para soluções com IA são relevantes, destacamos a melhor qualidade da análise da entidade; o uso mais intenso e sistemático dos sistemas de informação; a facilitação do compartilhamento de conhecimento utilizando um vocabulário em comum em aplicativos (softwares) independentes.

Alguns aspectos ligados à infraestrutura são limitadores da implementação do Big Data e por consequência da Inteligência Artificial. O big data exige uma robusta infraestrutura de armazenamento e largura de banda de comunicações para aplicações, especialmente as do tipo *cloud solution*; cada vez mais precisarão de melhores velocidades de conexão, neste sentido, as tecnologias 5G e 6G são cruciais para que a experiência do usuário final seja de qualidade. Sem esta infraestrutura, o Brasil continuará no atraso patente em relação aos países mais educados, civilizados e ricos, afinal, estamos no ranking mundial na vergonhosa posição de 71º país, em velocidade e qualidade da internet móvel.

A grande área da Inteligência Artificial, como já foi dito, é transdisciplinar, isto equivale a dizer que um *"especialista"* em IA é algo tão ingênuo quanto a hipotética situação em que um turista compulsivo que tenha conhecido quase todos os países, exceto a Coreia do Norte, claro; afirme categoricamente que *conheça o mundo*! É evidente que ir e passar alguns dias em *todos* os países, não outorga a este sujeito como o melhor conhecedor do mundo. Moral da história: também na Inteligência Artificial quantidade não é qualidade. Aqui, vale aquele velho ditado: na dúvida, antes uma comidinha caseira bem-feita do que se aventurar nas *œufs de poisson volant, parfumés au wasabi*. Ou seja, saber o básico é fundamental, até para você saber argumentar com os programadores que vão materializar sua solução em IA, especialmente na área da saúde, dado o escopo deste livro. E o básico aqui é a matemática e as bases de uma boa linguagem de programação, como a Python, que será citada várias vezes.

Nos próximos capítulos serão apresentados os princípios da *machine learning* e seus diferentes métodos.

# Capítulo 2
## Fundamentos do Aprendizado de Máquinas (*Machine Learning*)

**Guanis de Barros Vilela Junior**

O machine learning é uma subárea da inteligência artificial e da ciência cognitiva. Usualmente na inteligência artificial, ele é composto por três principais abordagens metodológicas: aprendizado supervisionado (*supervised learning*), aprendizado não supervisionado (*unsupervised learning*) e aprendizado por reforço (*reinforcement learning* ). O deep learning (aprendizado profundo) é uma abordagem especial no machine learning, que abrange os três tipos de aprendizados supracitados, sendo utilizado para desenvolver soluções de inteligência artificial que geralmente não são satisfatórias quando abordadas com os métodos do *machine learning*, dentre eles, a representação do conhecimento, raciocínio, emoções, dentre outros.

Neste capítulo, veremos os princípios gerais do *machine learning*. Estes não fazem parte do *deep learning*, mas pré-requisitos que foram cuidadosamente escolhidos para permitir uma compreensão rápida e fácil dos conceitos elementares necessários para o *deep learning*. Repetindo, não é objetivo deste capítulo um tratamento completo sobre o tema, para isso, o leitor deve recorrer a livros específicos e clássicos sobre *machine learning* presentes nas referências deste livro.

Iniciaremos com o aprendizado supervisionado e sua terminologia, enquanto a última parte é sobre aprendizado não supervisionado. O aprendizado por reforço será visto em um capítulo adiante.

## O problema da classificação elementar

O aprendizado supervisionado é apenas uma classificação; uma grande quantidade de problemas pode ser vista como *problemas de classificação*, por exemplo, o problema de reconhecer no trânsito um ciclista pedalando, a partir de duas classes de imagens, são elas: "tem bicicleta" ou "não tem bicicleta". O desafio é a criação de um classificador eficiente para esta tarefa. Se tivermos 1000 imagens de ciclistas e 1000 imagens de motociclistas, um bom algoritmo deverá decidir se a próxima imagem é a de um ciclista ou não. Este é um exemplo clássico de uma *machine learning*.

A pergunta óbvia: que significa "classificação"? No exemplo citado, para conseguir identificar e, portanto, distinguir uma bicicleta de uma motocicleta, marcaremos com 1 (um) quando tivermos bicicleta e com 0 (zero) quando tivermos uma não-bicicleta. Na Figura 4, existem quantas bicicletas? Se o prefixo *bi* da palavra *bicicleta*, indica sua principal, mas não exclusiva característica, ou seja, possuir duas rodas *in line*, fica fácil para nós, humanos, identificarmos que nesta Figura existem apenas três bicicletas. Bicicletas têm propriedades que as caracterizam, como: quadro claramente identificável, usualmente feito de material com diâmetros médio-laterais de no máximo 10 centímetros, sua massa oscila entre 9 Kg até 30 Kg; possui, na maioria das vezes, duas rodas de tamanhos iguais *in line*; possui na maioria das vezes, dois pedais e uma corrente de tração que se articula ao eixo da roda traseira.

Motocicletas, não apresentam a maioria das propriedades utilizadas para identificarmos bicicletas, para que um algoritmo consiga realizar esta tarefa, terá que converter estas informações características de bicicletas em um rótulo, por exemplo, 1 ou 0 (onde 1= bicicleta e 0= não bicicleta ou probabilidade alta de ser motocicleta ou outro veículo). Tecnicamente no *machine learning*, as propriedades são chamadas de recursos. A figura 4, mostra como pode ser complexo para um algoritmo identificar se a imagem é uma bicicleta ou não.

**Figura 4** – Quais são bicicletas?

Existem bicicletas para até 7 pessoas, com 14 pedais, e também bicicletas sem pedais, mas são uma fração do nosso desafio, mas provavelmente, o algoritmo não a classificaria como uma bicicleta, e sim como um objeto não identificado. Retomando, vamos organizar os dados como 1 (um) quando ocorrer um recurso específico e com 0 (zero) quando o mesmo não estiver presente.

Na Figura 5, observamos três possíveis recursos: a massa da bicicleta, o número de pedais, caso existam, a distância médio-lateral do quadro e o número de rodas.

**Figura 5** – Construindo uma estrutura de dados

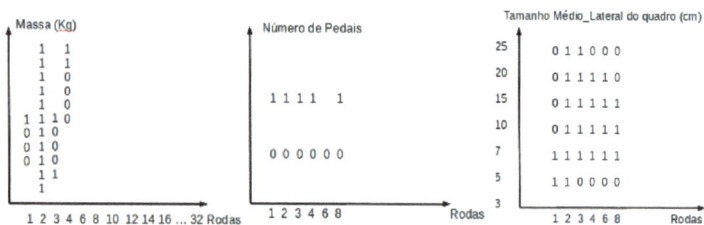

A seguir serão mostrados os gráficos referentes a veículos observados e que devem ser diferenciados entre bicicletas e não-bicicletas. Na figura 6 temos um gráfico que representa a massa do veículo em função dos 30 casos observados; os quadrados pretos referem-se ao número de rodas, que para esta amostra oscila entre uma a quatro rodas. Os pontos vermelhos referem-se à massa de cada um deles; os triângulos azuis referem-se ao número de pedais, que nesta amostra, ficou entre zero e dois pedais (sim, existem bicicletas sem pedais) e finalmente, os triângulos rosas, referem-se à distância médio lateral do quadro em centímetros. A elipse verde é onde situam a maioria das prováveis bicicletas que nosso algoritmo deverá identificar.

Figura 6 – gráfico que mostra a massa de cada veículo observado em função dos quatro recursos adotados.

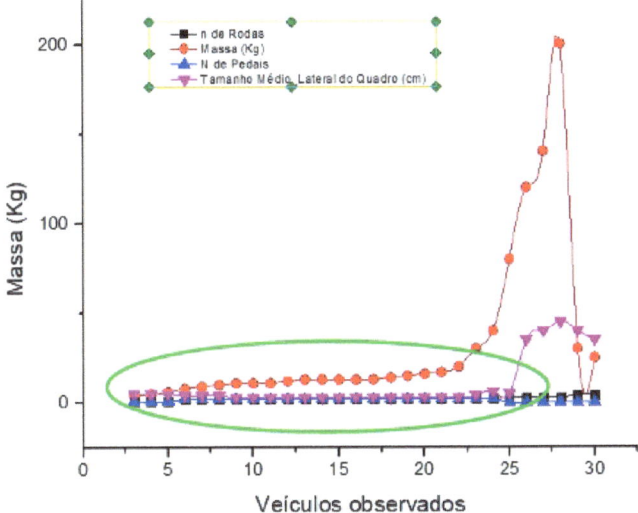

Estes mesmos dados podem ser mostrados no espaço 3D como hiperplanos ou linhas de contorno que definem a topologia dos dados onde a ocorrência de *bicicletas* é mais provável.

Figura 7 – Gráfico 3D mostrando hiperplano para localização em um conjunto de dados das prováveis bicicletas. A elipse marcada é a região topográfica, onde estão a maior parte das bicicletas. É bastante provável que os pontos que estejam fora desta elipse, sejam bicicletas de uma roda, triciclos, motocicletas ou quadriciclos.

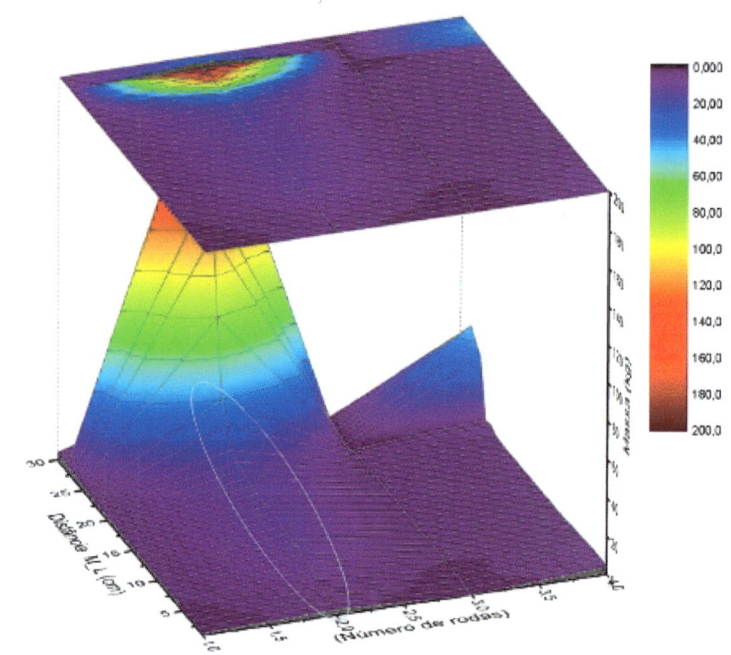

A tabela 1 (a seguir) facilita a compreensão de como podemos categorizar tais informações em nosso algoritmo.

| Massa (Kg) | Distância M-L (cm) | Número de rodas | Número de pedais | Identificador | Marcador |
|---|---|---|---|---|---|
| 15 | 5 | 2 | 2 | 1 | **Bicicleta** |
| 12 | 3 | 2 | 2 | 1 | **Bicicleta** |
| 50 | 50 | 2 | 0 | 0 | Não é bicicleta |
| 150 | 54 | 2 | 0 | 0 | Não é bicicleta |
| 10 | 3 | 1 | 2 | 0 | Não é bicicleta |
| 22 | 7 | 2 | 2 | 1 | **Bicicleta** |

É bastante simples combinar outros parâmetros para que o algoritmo acerte pelo menos 99% dos casos; aqui utilizamos que para ser bicicleta deve acontecer a somatória dos seguintes recursos:

- 9 < massa < 25 Quilogramas

- 3 < distância médio lateral do quadro < 10 centímetros

- n = 2 números de rodas *in line*

- 0 ≤ número de pedais ≤ 8

Se utilizarmos elementos conectivos lógicos (∧, ∨, ¬) podemos obter um mapeamento bastante completo do hiperplano e fazer ajustes manuais no mesmo, caso necessário.

Com o machine learning para soluções mais complexas (por exemplo, previsão do tempo), o desejável é entender o *porquê* de uma tempestade sem precedentes na cidade de São Paulo. Essa é a base do aprendizado em árvore de decisão, que é um espaço muito útil para lidar com um conjunto de dados desconhecidos. Os algoritmos de machine learning funcionam explorando essa ideia e automatizam o processo: eles têm um separador linear e tentam encontrar recursos para que, quando adicionadas, as classes se tornem linearmente separáveis. O *deep learning* não é exceção, e é uma das mais poderosas maneiras de encontrar recursos automaticamente.

Todo machine learning de algoritmo supervisionado recebe um conjunto de pontos de dados e rótulos de treinamento (são vetores de linha). Neste momento ele cria um hiperplano ajustando seus parâmetros internos; trata-se da chamada fase de treinamento: recebe como entrada vetores de linha com os correspondentes rótulos (chamados exemplos de treinamento) e não fornece nenhuma saída. Em vez disso, na fase treinamento, o algoritmo simplesmente ajusta seus parâmetros internos (e, ao fazê-lo, cria o hiperplano). A próxima fase é chamada de fase de previsão. Nesta fase, o algoritmo treinado leva em uma série de vetores de linha, mas desta vez sem rótulos e cria os rótulos com o hiperplano (dependendo de qual lado do hiperplano os vetores de linha acabam). Os vetores de linha em si são simplesmente linhas de uma tabela como a mostrada acima, então o vetor de linha que corresponde à amostra de treinamento na primeira linha da mesma é:

| 15 | 5 | 2 | 2 | 1 | **Bicicleta** |
|---|---|---|---|---|---|

Se fosse um vetor de linha para o qual fosse necessário prever um rótulo, ele teria a mesma aparência, exceto que não teria a tag "Bicicleta" no fim.

## Um classificador simples: Naive Bayes

O classificador Naive Bayes é considerado como um dos mais simples; foi proposto pelo reverendo inglês Thomas Bayes no século XVIII. A expressão "naive" (ingênuo) no nome destes classificador é consequência do pressuposto de que todos os recursos são condicionalmente independentes um do outro, ou seja, existe neste teorema uma lógica indutivista, o que é uma forma de "crença", mas é evidente que o mesmo em muitas situações possui enorme aplicabilidade, afinal, vivemos em um mundo cheio de "crenças". Seu teorema em termos de probabilidades é:

$$P(A|B) = \frac{P(B|A) \cdot P(A)}{P(B)}$$

Onde: P(A|B) é a probabilidade de A ser verdadeira sendo B verdadeira; P(B|A) é a probabilidade de B ser verdadeira sendo A verdadeira; P(A) é a probabilidade de A ser verdadeira e P(B) é a probabilidade de B ser verdadeira.

Vejamos um exemplo circunscrito ao universo *fitness*.

Suponhamos que em uma academia, um conjunto de clientes, todos façam quatro tipos de exercícios físicos para o treinamento de membros inferiores, são eles: 1) agachamento overhead clássico; 2) leg press; 3) Agachamento overhead com avanço afundo. Todos os sujeitos com mais de um ano de prática nestes exercícios, do sexo masculino e sem nenhum histórico de lesões de joelho e quadril. Todos os sujeitos utilizaram cargas iguais a 80% de seu peso corporal em Kgf nos três exercícios. Admitamos (é apenas uma suposição) que a literatura científica afirme que o exercício 1 apresente um índice de lesão de 5% entre praticantes experientes; os exercícios 2 e 3, 4% e 6%, respectivamente. Nossa pergunta é: qual a probabilidade de que um destes sujeitos se lecione neste treinamento, em decorrência do exercício 3 (agachamento *ovehead* com avanço afundo)?

Como o volume de treinamento em cada exercício é de 25%, 35%, 40% para 1, 2 e 3 respectivamente, em termos de probabilidade ficam: 0,25; 0,35 e 0,40. Antes, precisamos calcular a probabilidade da ocorrência de lesões neste treinamento, que será a soma das probabilidades de lesões para cada exercício em relação aos volumes de treinamento, ou seja:

P(B)= (0,05).(0,25)+(0,04).(0,35)+(0,06).(0,40)= 0,0505. Ou seja, é de 5% a probabilidade de lesões neste treinamento. Para respondermos à questão posta neste exemplo, basta aplicarmos na fórmula do Teorema de Bayes:

P(A|B) = (0,06).(0,400)/(0,050)= 0,48 ou seja, se alguma lesão ocorrer neste treinamento, a probabilidade que seja decorrente do exercício agachamento avanço afundo é de 48%. Importante, repetir, tais percentuais adotados são meramente especulativos. Mas pense nas possibilidades de aplicação deste classificador bayesiano na área da saúde, com milhões de dados oriundos de prontuários médicos, de estudos epidemiológicos, etc.

Este é considerado o algoritmo mais simples do *machine learning* pois existem situações onde ocorrem dependências condicionais e nestes casos a teoria bayesiana não é suficiente para encontrar soluções.

**Lógica Fuzzy e sua aplicabilidade na Inteligência Artificial**

Classicamente existem dois tipos principais de lógica: a booleana e a fuzzy. Purismos matemáticos à parte, ambas abriram as trilhas da computação tal como a conhecemos hoje. Um fato de natureza epistemológica é que a lógica booleana só foi resgatada, em função de sua aplicabilidade matemática futura, por Bertrand Russell em 1913 e Boole já havia falecido em 1864. Boole em uma de suas principais obras, *The Mathematical Analysis of Logic*, sacudiu a comunidade científica ao afirmar: *"Nós não necessitamos mais associar Lógica e Metafísica, mas sim Lógica e Matemática"*. Boole recorreu ao sistema binário para afirmações; quando estas eram verdadeiras atribuiu a elas o valor 1 (um), quando eram falsas, o valor 0 (zero). Por exemplo, é bastante simples um algoritmo que classifique se um sujeito é obeso ou não, se seu Índice de Massa Corporal (IMC) for maior ou igual a 30,0, o mesmo é obeso, portanto, na lógica booleana receberia o valor 1. Mas o leitor, pode estar intrigado a seguinte questão: "mas não é mais simples, saber da tabela de classificação do IMC e comparamos este número direto com a classificação correspondente?" A resposta é: depende! Para um humano que compreenda o que é este IMC, de fato, isto parece não fazer sentido, mas, sob o ponto de vista da programação computacional faz uma enorme diferença pelo fato em última instância é a passagem ou não de corrente elétrica num circuito que classificaria o sujeito em obeso ou não. É provável que usar a lógica booleana seja uma boa estratégia para isto, mas, provavelmente, não uma excelente e eficiente estratégia. Se tivermos, um sujeito obeso com estatura acima da média, seu IMC diminuirá e o classificador pode identificá-lo como não obeso. Ou ainda, se o sujeito tem grande massa muscular e for de baixa estatura, este classificador, outra vez poderá errar. Assumindo o risco de ser extremamente simplista, problemas desta natureza levaram ao desenvolvimento de uma lógica que não fosse tão maniqueísta, tão binária, afinal, talvez a maior parte das decisões humanas sejam analógicas, ponderamos, consideramos nuances específicas das classificações que fazemos, criamos escalas de percepção, foi isso que a *lógica fuzzy* buscou. O termo *lógica fuzzy* foi cunhado em 1965 por Zadeh e colaboradores, na chamada *teoria dos conjuntos difusos*, com ela, podemos tratar estados indeterminados como por exemplo, a Escala de Borg para percepção de esforço que vai de *muito fácil*, passa pelo *ligeiramente cansativo* e chega até ao *exaustivo*.

A lógica fuzzy supera os conceitos da teoria das *probabilidades* e passa a adotar a chamada teoria das *possibilidades*, que por ser menos restrita e assim possibilita utilizar conceitos que são mais bem compreendidos com palavras e não por números. Suas características básicas são:

- Refletem o que as pessoas pensam

- Tenta modelar o nosso senso de palavras, tomada de decisão ou senso comum

- Trabalha com uma grande variedade de informações vagas e incertas, as quais podem ser traduzidas por expressões do tipo: a maioria, mais ou menos, talvez, etc.

A figura 8 mostra uma possível função de pertinência para classificar se a estatura de um sujeito é considerada alta no Brasil, nos USA e na Itália.

**Figura 8** – Lógica Fuzzy e funçâo de pertinência

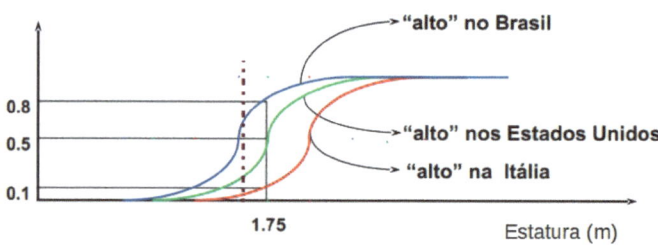

Observe que para estatura de 1,75 m um sujeito pode ser considerado alto no Brasil, mas não nos Estados Unidos e na Itália; para 1,70 m (linha tracejada) tal fato fica mais evidente.

Por motivos óbvios ligados à subjetividade das queixas dos pacientes e da observação dos médicos, foi na medicina que a lógica fuzzy começou a ser utilizada na área da saúde. Existem vários métodos e abordagens de aplicabilidade da mesma, não obstante, vamos recorrer a um exemplo de como a lógica fuzzy pode auxiliar os médicos a transitar entre a complexa rede de *sintomas que observam* em um paciente e o *conhecimento médico que têm sobre doenças e sintomas*. Citamos como exemplo, estudos de Rodriguez et al (2018) que desenvolveu um algoritmo com lógica fuzzy na análise biomecânica, para diagnosticar o grau de severidade da doença de Parkinson, utilizando um *smartphone* para coletar dados da aceleração, velocidade e deslocamento angular durante o movimento de pronação e supinação do complexo antebraço e mão dos sujeitos. Para isto utilizou a Escala Unificada de Classificação de Doenças de Parkinson (UPDRS), sendo um grupo controle (sujeitos sem Parkinson). Neste algoritmo utilizou além das variáveis biomecânicas citadas a classificação da severidade da doença segundo a escala UPDRS:

0: *Normal*: sem problemas.

1: Muito pequena: Qualquer um dos seguintes: a) o ritmo regular é interrompido com uma ou duas interrupções ou hesitações do movimento; b) desaceleração leve; c a amplitude diminui perto do final da sequência.

2: *Pequena*: Qualquer um dos seguintes: a) 3-5 interrupções durante o movimentos; b) desaceleração leve; c) a amplitude diminui no meio da sequência.

3: *Moderada*: Qualquer um dos seguintes: a) mais de 5 interrupções durante o movimento ou uma parada mais longa (congelamento) em movimento; b) desaceleração moderada c) a amplitude diminui iniciando após a 1ª sequência de supinação – pronação.

4: *Grave*: Não pode ou mal pode executar a tarefa por causa de desaceleração, interrupções ou decréscimos.

A Figura 9 ilustra o processo de *fuzificação* e *desfuzificação* utilizados.

**Figura 9** – Processo de Fuzificação e desfuzificação para diagnóstico da doença de Parkinson

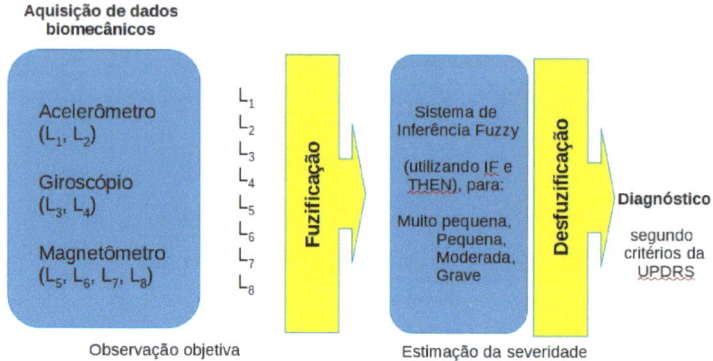

Tal algoritmo com lógica fuzzy, neste estudo obteve resultados superior no diagnóstico da doença de Parkinson, quando comparado com o diagnóstico realizado por dois médicos especialistas. É evidente, que o algoritmo não substitui o papel do médico, sem os quais, nem o algoritmo teria sido desenvolvido, mas, certamente, o mesmo que uma ferramenta que auxiliará muitos médicos e pacientes.

**Uma rede neural simples: regressão logística**

Usualmente o chamado aprendizado supervisionado é categorizado em dois tipos de aprendizado. O primeiro é a classificação, onde temos que prever as classes. Isto foi visto, nos exemplos de classificação e no classificador de Bayes. O segundo tipo é a *regressão logística* proposta por Cox em 1958; trata-se de um grande avanço pois a mesma pode ser interpretada como a representação *de um neurônio* em uma rede neuronal (Figura 10) sendo muito utilizada como um classificador.

**Figura 10** – Representação da regressão logística enquanto neurônio

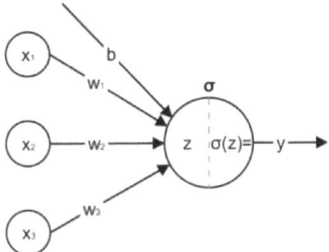

A regressão logística (RL) é um algoritmo de aprendizado supervisionado, portanto, é necessária a inclusão de valores-alvo para o treinamento nos vetores de linha, admitamos, por exemplo, $x_A$ = (0,3; 0,4; 1; 1), $x_B$ = (0,2; 0,01; 0,6; 0) e $x_C$ = (0,3; 1,2; 0,7; 0); para calcularmos a RL, recorremos às duas equações representativas:

1) $$z = b + w_1 x_1 + w_2 x_2 + w_3 x_3,$$

Com esta equação 1, calculamos Z, a chamada soma ponderada (ou logit).

2) 
$$y = \sigma(z) = \frac{1}{1+e^{-z}}$$

Com e equação 2, calculamos a função sigmóide que está na Figura 9.

**Figura 11** – Função Sigmoide

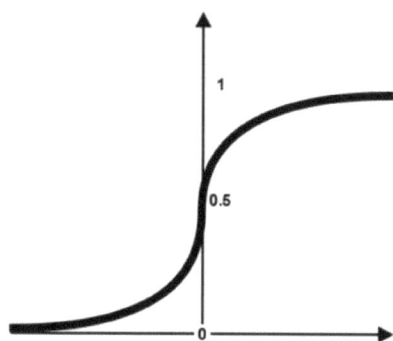

Ao associarmos as equações 1 e 2, obtemos a equação 3 (chamada de equação de entrada):

3) $$y = \sigma(b + w_1 x_1 + w_2 x_2 + w_3 x_3)$$

Vejamos as equações 1, 2 e 3 mais detalhadamente: a equação 1 mostra como calculamos as somas ponderadas (logit) das entradas (inputs). As entradas na *deep learning* são sempre representadas por x podendo ser, $x_1$, $x_2$, $x_3$,..., $x_n$. As saídas (*outputs*) são sempre representados por y, podendo ser, $y_1$, $y_2$, $y_3$,...$y_n$. Às vezes queremos apenas uma saída, nestes casos, $y_1=y_2=y_3=y_n$. Os pesos são w *(podendo ser $w_1$, $w_2$, $w_3$, $w_n$ ou uma função qualquer)* e os viéses são *b*, que podem ser ($b_1$, $b_2$, $b_3$, $b_n$, ou, uma função qualquer).

O objetivo da regressão logística é obter através do aprendizado um bom vetor de pesos e um bom viés e assim obter um bom poder de classificação. Sinteticamente o único aprendizado em regressão logística (e deep learning) é encontrar um bom conjunto de pesos. E aqui chegamos em uma questão que não é meramente matemática, mas é também metodológica e epistemológica, afinal, quais são os pesos? Quais são as regras (ou proibições ou preconceitos) que vamos impor? O que deixamos entrar? O que são vieses? Vale lembrar da máxima de Karl Popper: *"toda teoria é um conjunto de proibições."* Mas o leitor mais apressado deve estar intrigado, mas afinal estamos falando de machine learning, de algoritmos, não é? Sim, mas as escolhas que fizermos nos algoritmos que alimentamos podemos criar cobras em casa. Fica para o leitor refletir sobre esta provocação.

Voltemos aos pesos, usualmente, os mesmos estão limitados ao intervalo entre 0 e 1, pesos acima de 1, são pensados como "amplificações". Entretanto, o viés (ou erro) é mais complexo, pois afinal, tudo que não queremos na vida é *errar* ou receber um *olhar enviesado* de seu amado cão. Alguns pesquisadores mais polidos o chamaram de *limiar*. No caso do nosso neurônio da figura 8, queremos que o logit calcule o peso das entradas e estando acima de um limiar o mesmo emita a saída 1. Aprovado! Caso contrário 0 (zero), reprovado! Isto é o princípio do tudo ou nada, que pode funcionar algumas vezes, mas em outras é muito ruim. Imagine, caro leitor, se tomássemos decisões exclusivamente, a partir do sim (1) ou não (0).

Por isso a equação 2 é muito importante, pois ela relativiza os vieses e pode transformá-los em pesos. Isto é ponderar sobre a importância dos erros; o quanto isto é familiar em nossas escolhas? Ponderamos; ponderamos e aprendemos com os erros; e um dia, talvez você perceba que aquilo que te falaram que era um grande erro foi seu grande acerto. Essas reflexões são intencionais caro leitor, coloque uma sonata de Schubert ao fundo e vamos em frente, porque a partir de agora calcularemos toda esta *logit*.

Inicialmente precisamos de valores iniciais para o peso ($w$) e para o viés ($b$), geralmente obtidos a partir de uma variável gaussiana aleatória. Uma maneira de fazer isto é uma boa codificação e normalização. Retomemos o nosso conjunto, já codificados e normalizados: $x_A$ = (0,3; 0,4; 1; 1), $x_B$ = (0,2; 0,01; 0,6; 0) e $x_C$ = (0,3; 1,2; 0,7; 0). Vamos assumir que o vetor peso gerado aleatoriamente seja: $w$=(0,1; 0,28; 0;58) e o víes $b$=0,78. Basta que substituamos tais valores na equação de entrada e teremos:

$Y_A$= s(0,78+(0,1.0,3)+(0,28. 0,4)+(0,58.1)=s.1,502=(1/(1+e^(-1,502))=0,8178 e este valor é rotulado como 1. Analogamente, obtemos $Y_B$ e $Y_C$.

$Y_B$= s(0,78+(0,1. 0,2)+(0,28. 0,01)+(0,58.0,6)= s.1,1508=(1/(1+e^(-1,1508))=0,7596 e

$Y_C$= s(0,78+(0,1.0,3)+(0,28.1,2)+(0,58.0,7)=s.1,1508=(1/(1+e^(-1,1508))=0,7596, sendo que ambas recebem rótulo 0.

Observando estes resultados, podemos observar que são os pesos que definimos que são cruciais para a otimização deste classificador. Fica a seguinte pergunta: como otimizar este único neurônio? Um indicador da eficiência dos pesos utilizados nas entradas é a Soma do Erro Quadrático (SEQ), que ao avaliar os erros, fornecerá ao neurônio, pesos melhores para que ele aumente a eficiência. O SEQ pode ser calculado pela equação:

$$E = \frac{1}{2}\sum_n (t^{(n)} - y^{(n)})^2$$

Onde: *t* é cada destino ou rótulo e o *y* é cada saída real do modelo. Os expoentes *t* $^{(n)}$ são apenas índices que variam entre as amostras de treinamento, então $t^{(k)}$ seria o alvo do k-ésimo vetor de linha de treinamento.

Então fazendo o cálculo, utilizando a equação acima, teremos:

E= ((1-0,8178)^2+(0-0,7596)^2+(0-0,7596)^2)/2 = 0,410.

Basicamente, é com este calculo da SEQ, que veremos adiante como calcular os novos pesos que otimizarão as saídas de algoritmos que utilizam *machine learning*. A partir deste ponto temos que recorrer ao cálculo matricial para compreendermos como pesos e vieses estão relacionados.

Para isto, o primeiro passo é transformar os vetores de entrada n dimensionais em uma matriz de entrada do tamanho n × d. Consideremos uma matriz 3 × 4, composta pelos *inputs*:

$$\mathbf{x} = \begin{bmatrix} 1 & 0.2 & 0.5 & 0.91 \\ 1 & 0.4 & 0.01 & 0.5 \\ 1 & 0.3 & 1.1 & 0.8 \end{bmatrix}$$

E a matriz 4x1 com os pesos:

$$w = \begin{bmatrix} 0.66 \\ 0.1 \\ 0.35 \\ 0.7 \end{bmatrix}$$

A chamada estratégia geral do *deep learning* para computação rápida, ao fazer a inserção da coluna de 1 é fundamental para que o viés venha à tona e a eficiência do algoritmo melhorada, e obviamente o produto entre ambas (*x.w*) exista e sendo exatamente igual ao resultado a ser obtido pela equação 1 supracitada que calcula *z*.

$z_1$=1 · 0,66 + 0,2 · 0,1 + 0,5 · 0,35 + 0,91 · 0,7= **1,492**

$z_2$=1 · 0,66 + 0,4 · 0,1 + 0,01 · 0,35 + 0,5 · 0,7= **1,0535**

$z_3$=1 · 0,66 + 0,3 · 0,1 + 1,1 · 0,35 + 0,8 · 0,7= **1,635**

Comparando $z_1$, $z_2$ e $z_3$ destas equações com o resultado do produto das matrizes $x$ e $w$:

$$\mathbf{z} = \mathbf{xw} = \begin{bmatrix} 1 & 0.2 & 0.5 & 0.91 \\ 1 & 0.4 & 0.01 & 0.5 \\ 1 & 0.3 & 1.1 & 0.8 \end{bmatrix} \cdot \begin{bmatrix} 0.66 \\ 0.1 \\ 0.35 \\ 0.7 \end{bmatrix} =$$

$$= \begin{bmatrix} 1 \cdot 0.66 + 0.2 \cdot 0.1 + 0.5 \cdot 0.35 + 0.91 \cdot 0.7 \\ 1 \cdot 0.66 + 0.4 \cdot 0.1 + 0.01 \cdot 0.35 + 0.5 \cdot 0.7 \\ 1 \cdot 0.66 + 0.3 \cdot 0.1 + 1.1 \cdot 0.35 + 0.8 \cdot 0.7 \end{bmatrix} =$$

$$= \begin{bmatrix} 1.492 \\ 1.0535 \\ 1.635 \end{bmatrix}$$

Aplicando a função logística **σ** a $z$, teremos:

$$\sigma(\mathbf{z}) = \begin{bmatrix} \sigma(1.492) \\ \sigma(1.0535) \\ \sigma(1.635) \end{bmatrix} = \begin{bmatrix} 0.8163 \\ 0.7414 \\ 0.8368 \end{bmatrix}$$

Demonstramos aqui que a função logística é o principal componente da regressão logística que aqui foi tratada como uma rede neural simples, mas capaz de aprender com os erros, ou seja, a mesma apresenta a não linearidade, possibilitando assim comportamentos complexos ao serem expandidas para um conjunto de neurônios, uma legítima Rede Neural Artificial (RNA), que além de complexa pode assumir comportamentos caóticos, o que seria, uma bela representação computacional de um cérebro humano com alguma patologia no SNC, como Alzheimer ou Parkinson. Um desafio posto à comunidade científica internacional: desenvolver algoritmos que além de diagnosticar precocemente doenças como Alzheimer e Parkinson (isto já está consolidado), seja capaz de minimizá-las, através de estimulação transcraniana modulada por inteligência artificial.

Aqui algo que possui uma bela dimensão além de matemática, epistemológica, como transformar viés (erro) em um dos pesos? Como, matematicamente transformar erro em elemento central da otimização do resultado de uma função? Como aprender com os erros? Para fazer isso, precisamos adicionar uma única coluna de 1 como a primeira coluna da matriz de entrada. É importante destacar que adicionar uma coluna composta exclusivamente pelo número 1 não altera as propriedades das relações matemáticas (logarítmicas) subjacentes a elas.

Existem vários tipos de não linearidade, e todos eles têm um comportamento ligeiramente diferente. A regressão logística varia entre 0 e 1. Outro fator comum de não linearidade é a tangente hiperbólica representada pela letra $\tau$, tau no grego. Na tangente hiperbólica $\tau$ varia entre $-1$ e 1, tendo uma forma semelhante à função logística. Escolher qual a função de não linearidade é uma questão de mera preferência pois apresentam, várias vezes, eficiências semelhantes.

**Aprendizado supervisionado: K-Means e Análise do Principal Componente**

Veremos a partir de agora dois algoritmos para aprendizado não supervisionado que são bastante utilizados na IA, o K-means e o PCA (sigla em inglês de *Principal Component Analysis*), que utilizaremos neste livro.

O PCA representa um ramo do *aprendizado não supervisionado* chamado representações distribuídas, sendo um dos métodos mais utilizados na *deep learning*, pois é conceitualmente mais simples para representar agrupamentos (*clusters*) no mesmo. Vale esclarecer que a*prendizado não supervisionado* é aprender sem metas ou rótulos, o que parece mais com alternativas pedagógicas de escolas moderninhas. Pois a questão epistemológica é: como é possível aprender algo sem *feedback*? Espontaneísmo computacional? Ou serão gangues de dados que formam suas turminhas no *deep learning*? Ou será outra coisa qualquer e não um aprendizado no *stricto sensu*. É muito utilizado por pesquisadores que utilizam a computação cognitiva, ou qualquer outra área que discorde do uso da expressão *artificial* e preferem utilizar a expressão *cognitiva*, mesmo não sabendo muito bem o que é isso. E este fenômeno é bastante comum em várias ciências, por exemplo, pergunte a um físico o que é tempo? Provavelmente a resposta não será satisfatória; pergunte a um psicanalista o que é o inconsciente? a um pesquisador das ciências do movimento humano, o que é movimento humano? Estas respostas de natureza filosófica e epistemológica de fato são complexas.

Mas voltemos ao método *K-means* onde a função de um *cluster* é atribuir todos os pontos de dados semelhantes no espaço n-dimensional, suponhamos os clusters 1, 2 e 3 e vamos supor a existência de dois recursos para ficarmos no espaço 2D. Nada de treinamento, nada de teste definido, tal método é na realidade bastante antigo e recorre ao conceito físico (ou matemático, com alguns vão preferir) de centroide. Cada centroide definirá um cluster e estes definirão os hiperplanos. O algoritmo *K-means* tem duas fases, uma chamada de 'atribuição' e a outra '*minimização*', formando um ciclo que se repete várias vezes. Estes nomes são óbvios, atribuição é a definição do *cluster* e a minimização é o cálculo dos centroides, depois segue-se a operação obtendo o centroide dos centroides, buscando o ponto ao redor do qual a maioria dos dados gravitam.

Vejamos como exemplo, um conjunto no espaço 2D, formado por duas variáveis, x e y, com 12 dados. A Figura 12 mostra estes dados categorizados arbitrariamente em três clusters, (formas e cores diferentes). Inicialmente, calcularemos os centroides $C_1$, $C_2$ e $C_3$ para cada um dos conjuntos.

**Figura 12** – Conjunto e dados no plano XY e possíveis Clusters

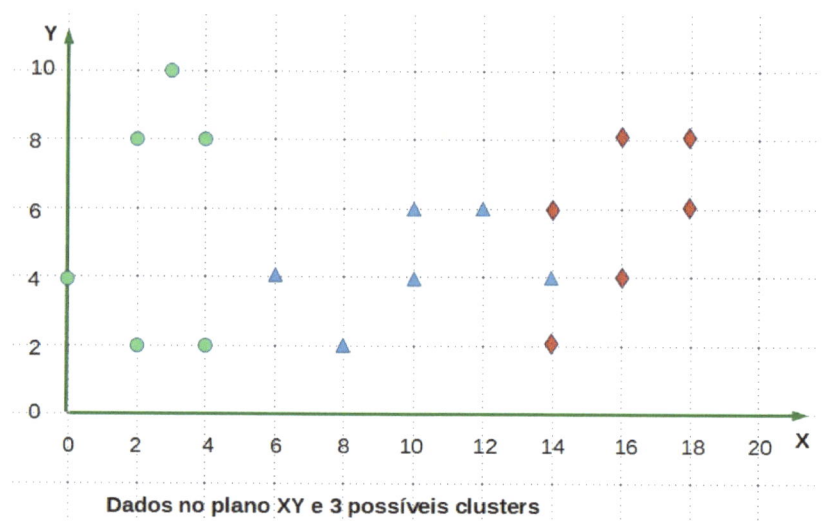

Dados no plano XY e 3 possíveis clusters

Na fase de atribuição, cada ponto de dados é atribuído ao centroide mais próximo em termos de distância euclidiana. Para obtermos a abscissa ($C_x$) do centroide, basta somarmos os cada valor de e dividir pelo número de dados no cluster (neste exemplo, cada cluster possui 6 dados, mas é óbvio que no *machine learning* poderemos ter bilhões de dados por cluster). O mesmo procedimento será realizado para as ordenadas do espaço 2D para obtermos a coordenada do centroide em Y, $C_Y$.

Então:

$C_{1X} = (0+2+4+4+3+2)/6 = 15/6 = 2,5$

$C_{1Y} = ((4+2+2+8+10+8)/6 = 30/6 = 5,0$

$C_{2X} = (6+8+10+10+12+14)/6 = 60/6 = 10,0$

$C_{2Y} = ((4+2+4+6+6+4)/6 = 26/6 = 4,3$

$C_{3X} = (14+14+16+16+18+18)/6 = 96/6 = 16$

$C_{3Y} = ((2+6+4+8+6+8)/6 = 34/6 = 5,6$

Portanto: C1(2,5 ; 5,0); C2(10,0 ; 4,3) e C3(16,0 ; 5,6).

A Figura 13, mostra os 3 clusters e seus respectivos centroides determinados.

**Figura 13** – Clusters e a localização dos centroides $C_1$, $C_2$ e $C_3$

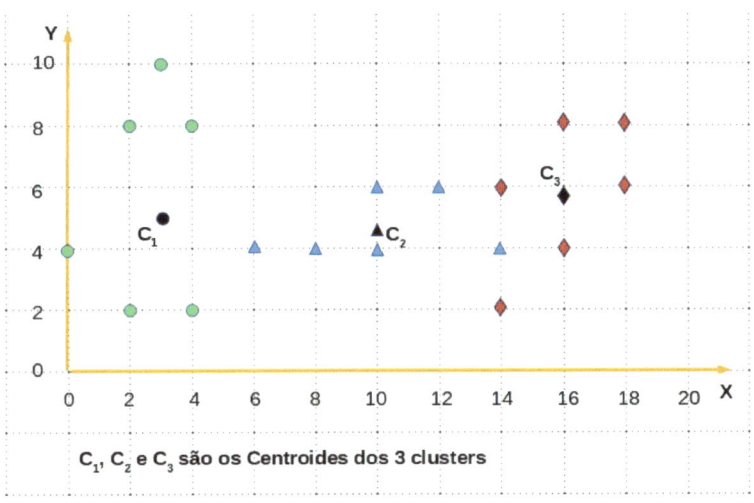

$C_1$, $C_2$ e $C_3$ são os Centroides dos 3 clusters

Durante a fase "minimização, os centroides são movidos em uma direção que minimiza a soma da distância de todos pontos de dados atribuídos a ele. Completa-se assim um ciclo. O próximo ciclo começa pela dissociação de todos os pontos de dados dos centroides. Os centroides permanecem onde estão; um outro centroide começa a fase de atribuição, que pode realizá-la de maneira diferente da utilizada no primeiro *cluster*. A Figura 14 mostra estes centroides em seus clusters e $C_R$ que o centroide resultante de $C_1$, $C_2$ e $C_3$.

**Figura 14** – Centroides de cada *cluster* e Centroide resultante

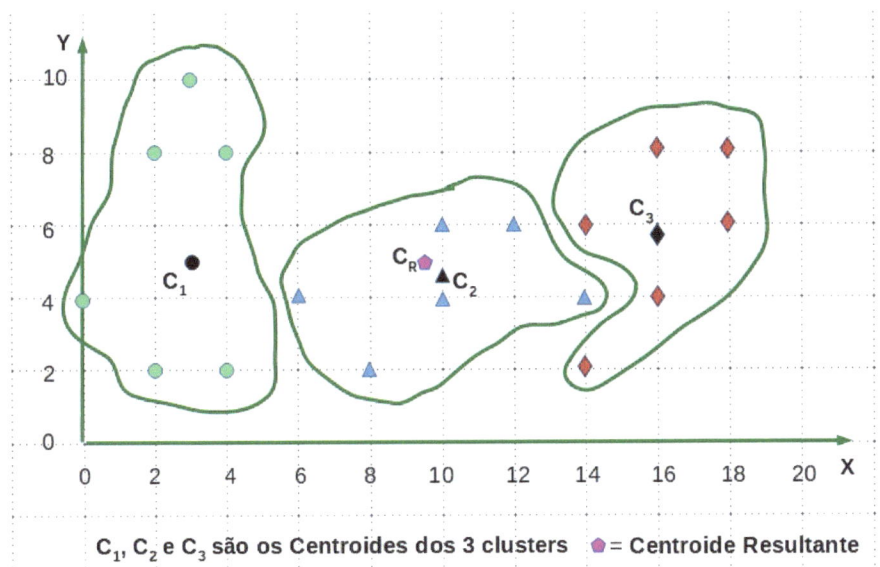

É pertinente a questão, como saber como um dado é atraído por um centroide?

Um possível resposta a esta questão, por hora, pode ser: depende da distância relativa entre os centroides C1, C2 e C3; isto pode ser entendido como o nível de similaridade entre os dados de um mesmo centroide ou até mesmo de centroides distintos. Existem várias maneiras de se calcular isto, mostraremos como isto pode ser realizado através do cálculo da distância Manhattan (M) entre os centroides. A Figura 15 mostra o mesmo conjunto de dados e a distância M entre $C_1$-$C_2$ e $C_2$-$C_3$.

**Figura 15** – Distância Manhattan entre os centroides de um conjunto de dados

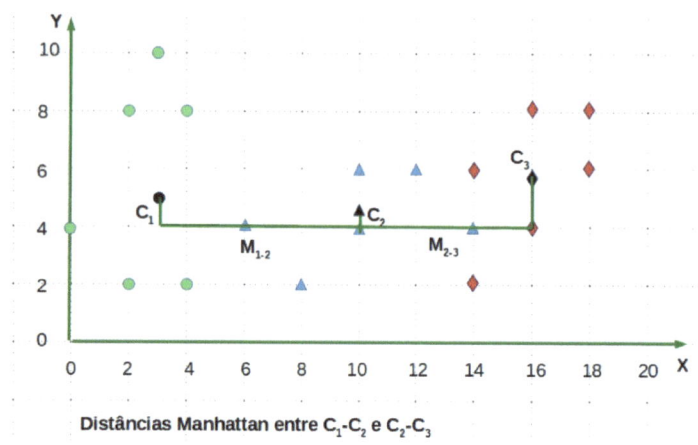

Distâncias Manhattan entre $C_1$-$C_2$ e $C_2$-$C_3$

No machine learning baseado em instâncias é comum a utilização de diferentes distâncias matemáticas, a Euclidiana, a de Manhattan, a de Minkowski, a de Mahalanobis, são as mais utilizadas, mas, por enquanto, apenas as duas primeiras já são suficientes. A Manhattan é alusiva às distâncias que os carros têm que percorrer pelas avenidas e ruas da ilha, buscando fazer o menor trajeto possível, é calculada pela equação M= |X1-X2|+|Y1-Y2|, onde $X_1$ e $Y_1$ são as coordenadas de um dos centroides e $X_2$ e $Y_2$ as coordenadas do outro centroide. Uma observação mais detalhada mostrará que a distância Manhattan é nada mais que a soma dos catetos do triângulo formado pelas coordenadas de cada centroide.

À primeira vista parece ser uma conta banal, mas em *machine learning* e *data mining* ela abre possibilidades enormes, afinal, muitos dados mudam dinamicamente seguindo *avenidas e ruas*, fluxos reais ou probabilísticos de dados, inclusive em estruturas abstratas compostas por n-dimensões. Então, calculemos $M_{1-2}$ e $M_{2-3}$:

$M_{1-2}$= |10,0-2,5|+|4,3-5,0|= 8,2

$M_{2-3}$= |16,0-10|+|5,6-4,3|= 7,3

Tais resultados nos permitem inferir que os centroides 2 e 3 por estarem mais próximos, são potencialmente (probabilisticamente) capazes de receber influências recíprocas mais fortes. Como a interação entre $C_2$ e $C_3$ é mais forte (neste exemplo), pois $M_{2-3} < M_{1-2}$, minimização para dois clusters pode ser a mostrada na Figura 16.

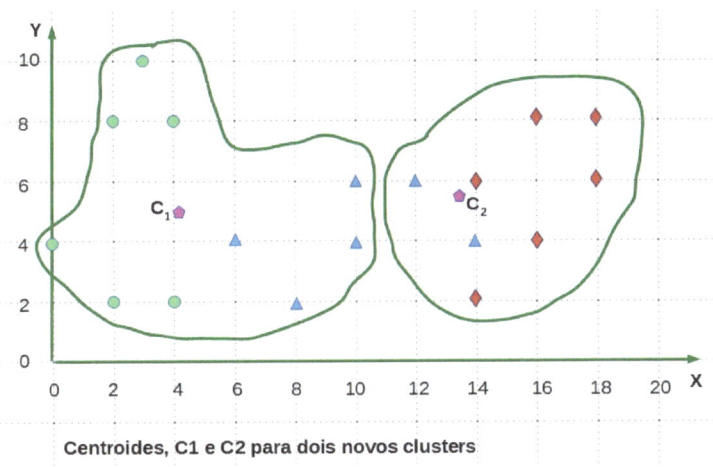

Centroides, C1 e C2 para dois novos clusters

Pode ser que estes dois clusters sejam suficientes e expliquem melhor as relações, causais ou não, entre os dados de X e Y.

Outra possível e mais complexa resposta refere-se ao peso de cada dado neste plano. Neste exemplo foi utilizado o mesmo peso para cada dado. Usando uma metáfora: suponhamos que estes dados sejam 18 bolinhas de gude de mesma massa e diâmetro sobre um tecido elástico estendido horizontalmente sobre suportes (como se o tecido fosse o tampo de uma mesa). Neste exemplo, o tecido está tensionado o suficiente para sofrer uma quase imperceptível deformação de cada bolinha. Agora, admitamos que sejam trocadas todas as 6 bolinhas do cluster 3, cuja massa de cada uma delas seja 4 vezes maior que as 12 bolinhas dos clusters 1 e 2. Repetindo a mesma equação, mas considerando o peso de cada bolinha apropriado, fica patente o deslocamento do centroide resultante à direita. Aumentando a complexidade da resposta, no lugar de bolinhas, pense que sejam postagens 18 sujeitos no Twitter, 12 delas, são pessoas que não tem papel de *influencer* nesta rede social; as outras seis são pessoas influentes do mundo político e econômico mundial, com milhões e milhões de seguidores. Basta uma declaração equivocada e/ou apressada de um destes seis políticos e as bolsas de valores do mundo começam a despencar.

Na maioria das vezes o PCA é utilizado no tratamento prévio dos dados para serem utilizados em um classificador; pode ser utilizado para redução da dimensionalidade, por exemplo de 3D para 2D, que dentre outras maneiras pode ser realizado pelo coeficiente de Dunn para construir representações distribuídas de dados para eliminar a correlação. O coeficiente de Dunn para um espaço bidimensional pode ser calculado para cada centroide (C) pela equação:

$$d^{in}(C) = max\{d(x, y) | x, y \in C\},$$

Onde: $d$ é a distância euclidiana, dado que $x$ e $y$ estejam contidos no referido centroide. Poderíamos usar, conforme a conveniência a distância Manhattan, ou outra qualquer citada, mas é fato que podem ser identificados vários centroides em $n$ interações, o que pode mais atrapalhar do que ajudar na compreensão dos dados.

Com estes dois capítulos iniciais, já podemos discutir as bases das redes neurais artificiais.

# Capítulo 3

## Redes Neurais Artificiais Feedforward

**Guanis de Barros Vilela Junior**

Em uma única frase vamos deixar claro o que será discutido neste capítulo: o deep learning é o machine learning com redes neurais, ou ao contrário: as redes neurais constituem a base do machine learning que é a base do *deep learning*. E isto não foi um jogo de palavras, afinal, a *backpropagation* (retropropagação) é o principal método de aprendizado para o *deep learning*. Mas este será visto mais adiante, começaremos com redes neurais mais simples, aquelas que vão em um sentido único, onde seus *inputs*, pesos, *layers* e *outputs* como numa linha de produção executa seu papel e a esteira continua até a finalização do problema ou do produto. Um exemplo bucólico, afinal, sob muitos aspectos, a natureza é física e matemática, um acordo íntimo que faz a vida acontecer: um praticante de canoagem descendo a correnteza de um rio bravio onde cada metro rio descido não volta mais, então a estratégia do canoísta é tentar antecipar possíveis eventos e fazer escolhas imediatas para ver se consegue o melhor caminho na descida. Antecipar eventos futuros, é esta a ambição das equações preditivas e do canoísta, muito utilizadas nas redes neurais *feedforward*. É neste sentido que são chamadas também de redes neurais superficiais.

As chamadas rede neurais convolucionais também são redes *feedforward*, porém, não são superficiais. Este termo rede convolucional possui várias especificidades na programação, e na matemática; na computação ***convolução*** (também chamada de **zip**) é uma função que mapeia uma *tuple* de sequências em uma sequência de *tuples*. O termo *zip*, é uma alusão ao zíper, pois ele une duas partes desconectadas de um tecido, por exemplo. Ao abrir o zíper (unzip) está em execução uma função reversa de separar, uma deconvolução.

## Rede Neural Artificial (RNA) e sua representação matricial

A Figura 17 mostra uma RNA com seus inputs e pesos.

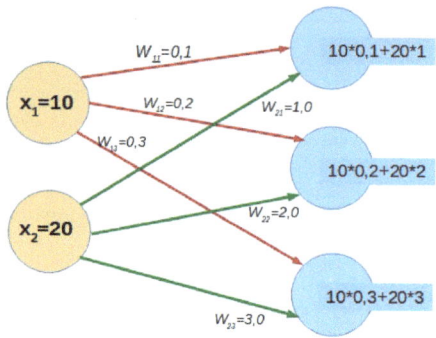

A Matriz **x** é a matriz transposta dos inputs, logo **X** = ($x_1$, $x_2$)$^T$

A matriz composta pelas conexões possíveis (setas vermelhas e verdes na Figura 15) entre os neurônios que compõem as duas camadas desta RNA será:

$$w = \begin{bmatrix} w_{11}(=0.1) & w_{12}(=0.2) & w_{13}(=0.3) \\ w_{21}(=1) & w_{22}(=2) & w_{23}(=3) \end{bmatrix}$$

logo, **z** = $w^T \cdot x$

logo *z=(21 42 63)* que é o vetor de outputs na segunda camada da RNA. Observe que como realizar estes cálculos já foi detalhado anteriormente quando foi discutida a regressão logística. Na necessidade de uma nova camada de neurônios nesta rede, os valores do vetor z seriam os inputs desta terceira camada; mas, via de regra, isto não será necessário.

Para a um pleno detalhamento de um RNA é imprescindível conhecer:

1) O número de camadas da rede

2) O número de neurônios na primeira camada

3) O tamanho da entrada (lembre-se de que é o mesmo que o número de neurônios na

camada de entrada)

4) O número de neurônios na camada oculta

5) O número de neurônios na camada de saída

6) Valores iniciais para pesos

7) Valores iniciais para vieses

Observe que neurônios artificiais só existem como entradas em uma matriz e, como tal, seu número é necessário para especificar as matrizes. Os pesos e os vieses desempenham um papel crucial: o objetivo principal de uma rede neural é encontrar um bom conjunto de pesos e vieses, e isso é feito através do treinamento via *backpropagation*, que é o inverso de um treinamento *forward*. Repetindo: aprender com os erros cometidos, modificando seus pesos e diminuindo cada vez mais seus erros. Epistemologicamente este é um dos pontos mais fascinantes das RNAs.

## A Regra de aprendizado de um Perceptron

Um Perceptron é por definição um neurônio artificial de aprendizado de limiar binário, sendo que o mesmo é bastante similar à uma regressão logística um pouco mais sofisticada. Vamos definir formalmente o neurônio de limiar binário:

$z = b + \Sigma w_i x_i$ sendo que y=1, quando $z \geq 0$; caso contrário, y=0.

Onde $x_i$ são as entradas, com os pesos, **b** é o viés e $z$ é o logit que já vimos detalhadamente. A regra de decisão ($z \geq 0$), é a responsável pelo nome limiar binário. Neste perceptron, o viés precisa ser convertido em peso, por isso a necessidade de adicionarmos uma entrada $x_0$ com o valor 1, sendo o viés o seu peso. Uma maneira simples de incorporar o erro nos algoritmos da inteligência artificial. Simples, elegante e com desdobramentos metodológicos enormes na ciência milenar do tratamento de dados.

A regra de aprendizagem do perceptron possui 4 cláusulas, são elas:

1. Escolha um caso de treinamento.

2. Se a saída prevista corresponder ao *label* (etiqueta) de saída, não faça nada.

3. Se o perceptron prevê um 0 e deveria ter previsto um 1, adicione o vetor de entrada ao vetor peso

4. Se o perceptron prevê um 1 e deveria ter previsto um 0, subtraia o vetor de entrada do vetor peso.

Como exemplo, considere o vetor de entrada como x = (0,3, 0,4)$^T$ e admitamos que o viés, **b** = 0,5, os pesos **w** = (2, -3)$^T$ e o objetivo t = 1.

O cálculo de $z$ será:

$z$= 0,5 + 2*0,3 + *(−3)*\*0,4 = −0,1; como $z$<0, o retorno é 0 (ou seja, não acertamos!), então, neste caso é preciso recorrer à cláusula 3 da regra de aprendizado do perceptron e adicionar o vetor de entrada ao vetor de peso, portanto, teremos:

*(w, b)* + *(x, 1)* = *(2; −3; 0,5)* + *(0,3; 0,4; 1)* = *(2,3; −2,6; 1,5)*

Mas quando estes ajustes são escalados para um grande volume de dados, fica patente a limitação do algoritmo de aprendizado por perceptron. Vejamos um exemplo desta limitação e como isto pode ser resolvido. A Figura 18 representa dois possíveis símbolos matemáticos, um número 8 e o símbolo de infinito.

Um algoritmo que tentasse classificá-lo adequadamente teria sérios problemas, pois o perceptron de aprendizagem identificaria exatamente os mesmos pixels encontrados nos símbolos que representam oito ou infinito.

Aqui identificamos um problema bastante enriquecedor, o da *realidade subjacente*, esta preconiza que os pontos de dados rotulados como 1 realmente sejam "uns" e os pontos de dados rotulados como 0 realmente sejam "zeros". Um tipo de consulta clássica em algoritmos computacionais é chamada de *paridade*. Essa consulta é realizada sobre cadeias binárias de dados, e somente aquelas com um número igual de 1 e 0 (zeros) são selecionadas e recebem o rótulo 1. A paridade pode ser adaptada; portanto, ela considera apenas strings de comprimento n; então, podemos formalmente chamá-la de "paridade" ($x_0, x_1,..., x_n$), em que cada $x_i$ é um único dígito binário (ou bit), esta é também chamada de **XOR** *(Exclusive OR,* ou em português *OU Exclusivo)*, sendo uma função lógica chamada de *disjunção exclusiva*. *Vale a pena detalhar um pouco mais sobre a XOR:* o problema emerge no fato de que no perceptron de camada única, não existem neurônios ocultos, assim, este não consegue distinguir padrões de *input* que sejam separáveis não linearmente. Esta é o chamado *problema XOR*: como classificar padrões separáveis não linearmente, como, por exemplo, reconhecer diferentes entonações de voz de um mesmo sujeito? Em capítulos posteriores veremos que redes de Elman e Jordan conseguem solucionar tal problema.

Vejamos mais detalhes da **XOR**: ela busca dois bits e retorna 1 se, e somente se, houver a mesma quantidade de 1 e 0, e como são cadeias binárias, isso significa que há um 1 e um 0. Podemos igualmente usar a equivalência lógica que tem os 0 e 1, resultantes, trocados, pois são apenas nomes de classes e não têm muito mais significado. Portanto, o **XOR** fornece o seguinte mapeamento: (0, 0) → 0, (0, 1) → 1, (1, 0) → 1, (1, 1) → 0.

Se com a paridade **XOR** o perceptron não consegue aprender a classificar a entrada para obter os rótulos corretos, isso significa que um perceptron que possui dois neurônios de entrada (para aceitar os dois bits para a XOR) não pode ajustar seus dois pesos para separar o 1 e o 0 conforme eles aparecem na XOR. Ou seja, os pesos e vieses do perceptron seguem a instância de paridade *(0, 0) → 1, (0, 1) → 0, (1, 0) → 0 e (1, 1) → 1*, (compare-a com a anterior) obtemos quatro desigualdades:

1) $w_1 + w_2 \geq b$; 2) $0 \geq b$; 3) $w_1 < b$; 4) $w_2 < b$, e aqui temos um desafio pois este sistema *não tem solução*, ou seja, o perceptron não consegue aprender nem igualdade lógica; a solução foi adicionar camadas de neurônios no perceptron, o chamado *Multi Layers Perceptron* (MLP).

## Perceptron de Múltiplas Camadas (MLP)

Um dos maiores desafios da criação de perceptron com várias camadas de neurônios artificiais é o não conhecimento de como aplicar a regra de aprendizado para esta nova configuração espacial. Pesquisadores brilhantes como Werbos, Parker e Rumelhart, descobriram a solução, entre os anos de 1981 e 1986, da conhecida *Delta Rule* e cada um encontrou a solução independentemente dos outros, fato é que os recentes avanços da IA deve muito a estes estudiosos. A Regra Delta, quando em notação de RNA, fica:

$$Dw_i = h.x_i (t - y)$$

onde: $w_i$ é um peso, $x_i$ é a entrada e (t - y) é o erro residual. O η (eta) é chamado de taxa de aprendizado, sendo que se eu valor padrão deve ser 1/n, mas não há restrições, portanto valores como 10 são perfeitamente aceitáveis de usar, mas usualmente, são usados valores da ordem de $10^{-1}$ como 0,1; 0,001; 0,0005. O η é um exemplo de um *hiperparâmetro*, ou seja, se trata de um parâmetro na rede neural que não pode ser aprendido enquanto parâmetro regular (como peso e viés), mas que precisa ser ajustado manualmente.

Na prática, recomenda-se a utilização valores menores de taxa de aprendizado, e obviamente isto tem uma clara intenção: garantir uma melhor precisão no aprendizado, mesmo que isto gaste mais tempo de processamento, pois neste caso, o problema é termos ou não computadores com maior velocidade de processamento. Os hiperparâmetros, além da taxa de aprendizado, podem ser também: o número de iterações de treino e os valores iniciais de *w*. Mas vale uma reflexão sobre hiperparâmetros mais detalhada.

A rigor, hiperparâmetro é qualquer número utilizado em uma RNA que não pode ser aprendido pela mesma. Em Python existem bibliotecas especializadas na hiperparametrização que na fase de teste, faz a otimização dos mesmos de forma aleatória em uma rede deep learning, esta os classifica e na sequência é medida a acurácia que retroalimenta os novos hiperparâmetros na mesma. Existe um conceito importante que precisa ser apresentado agora, trata-se do *momentum ou inércia (μ)*, este ajusta o quanto de uma etapa anterior deve ser mantido na etapa atual, ou seja, os mínimos locais já discutidos quando vimos o conceito de gradiente descendente. Observe que isto é diferente de taxa de aprendizagem, que realiza este controle exclusivamente numa etapa.

A técnica *dropout* auxilia na otimização do processo de aprendizagem de uma *deep learning* ao minimizar a diferença entre o *erro de teste* e o *erro de treinamento*. Geralmente o *dropout* é identificado por π, variando de 0 a 1, ou seja, pode ser interpretado como uma probabilidade. Usualmente começamos com π= 0,2, mas, como todos os outros hiperparâmetros, ele deve ser ajustado no conjunto de validação.

O conceito de *epoch* (época) se refere a uma passagem completa *forward* e *backward* em todo *set de treinamento*. Por exemplo, podemos dividir um *set de treinamento* com 10000 neurônios em 10 lotes (*batchs*), portanto teremos 10 épocas. O uso de *epochs* simplifica estruturalmente as RNAs e isto reduz o tempo de processamento em RNA com *deep learning*.

Um hiperparâmetro, usualmente, é composto por:

- Número de neurônios (usualmente, entre 1 e 200)

- Taxa de aprendizagem (usualmente, entre 0,1 e 0,001)

- Número de camadas ocultas (por exemplo, de 1 a 1000)

- Dropout ($0 < \pi < 1$; mas usualmente entre 0,2 e 0,5)

- Função de ativação

- Momentum ($\mu$), *(pode variar entre 0 e 1; sendo usual $\mu=0,90$)*

- *Epochs* (ciclo completo de iterações, usualmente, entre 1000 e 10000)

- *Batch* (lote), (por exemplo, entre 16 e 256)

É evidente que após a fase de teste, temos as fases de validação e treinamento.

No próximo capítulo, sofisticando um pouco mais os métodos da IA, veremos os fundamentos das redes neurais artificiais com *backpropagation*.

# Capítulo 4
# Redes Neurais Artificiais com Backpropagation

### Guanis de Barros Vilela Junior

Um conceito matemático é importante para a compreensão da *backpropagation* nas redes neurais artificiais e suas taxas de aprendizado, trata-se do Gradiente Descendente (**GD**), que é um ponto de convergência em um espaço n-dimensional onde se obtém a melhor eficiência no *deep learning*.

Vejamos um exemplo: um esquiador descendo uma encosta de uma montanha com neve, durante a descida, o mesmo atinge as maiores velocidades, pois no ponto de chegada ele terá que realizar manobras para reduzir a velocidade, até parar exatamente a 1 metro diante de quem filmou sua descida, por exemplo. Nas redes neurais de múltiplas camadas com *backpropagation*, o **GD** deve atingir não o apenas o valor mínimo, mas sim, o melhor valor mínimo, conforme prova Truong (2020). Vale a ressalva de que a utilização do GD é necessária quando a utilização da regressão linear com muitas dimensões, passa a ter na prática, uma demora no tempo de calcular a matriz transposta, pois só computadores com muita memória RAM (128 GB, 256 GB ou superior) as realizam com rapidez. Para quem deseja se aprofundar em relação ao uso do GD no *deep learning*, recomendo a leitura do artigo de Truong (2020) citado nas referências. Podemos dizer que atualmente, um dos grandes desafios do deep learning está no uso adequado do GD nas pesquisas em redes de muitas camadas de neurônios (*deep* *networks*). Mas este nível de aprofundamento não faz parte do escopo deste livro. Na Inteligência Artificial *backpropagation* refere-se ao algoritmo para calcular o gradiente. Trata-se, portanto, de um método que generaliza o cálculo do gradiente na regra Delta (que é a backpropagation de uma única camada), sendo um exemplo de acumulação reversa de informações. Vamos calcular aprender como calcular pesos e erros em uma rede neural artificial com backpropagation, afinal, foi este método, que possibilitou avanços importantes na IA, junto com as redes neurais recursivas que veremos posteriormente.

## Calculando pesos e erros em uma rede neural artificial backpropagation

Vamos calcular o peso final de enquanto resultado da influência da taxa de aprendizagem ($\eta$) e o gradiente dos erros, esta, é a essência da backpropagation: aprender e otimizar a RNA com os erros. Usei a expressão aprender, isto é aprender? Se for, é diferente do aprender que utilizamos em nosso Sistema Nervoso Central?

Retomemos a *backpropagation*, que afinal, é basicamente um problema de GD, e matematicamente pode ser descrita como:

$$w_{final} = w_{inicial} - \eta \nabla E$$

Observe $w_{final}$ é um novo valor de $w$, obtido pela subtração do valor atual (inicial) *menos* $\eta \nabla E$. Isso não é circular, pois é formulado como uma tarefa ($\leftarrow$), não como uma definição (=ou: =). Ou seja, primeiro, calculamos o lado direito e depois atribuímos a $w$

esse novo valor. O método backpropagation apresenta um aprendizado dinâmico; com incrementos pequenos no aprendizado, mas conforme já foi dito, isto aumenta sua acurácia.

Lembrando que $\nabla E$ é o gradiente do erro (viés), então podemos dizer: o peso em um neurônio em uma camada de uma RNA é o seu peso inicial menos a taxa de aprendizagem multiplicada pelo gradiente do erro. Onde o erro (**E**) pode ser obtido por:

$$E = \tfrac{1}{2} \Sigma (t_0 - y_0)^2$$

O método chamado *aproximação por diferenças finitas* utiliza os seguintes critérios:

1. Cada peso $w_i$, para $1 \leq i \leq k$ é ajustado adicionando-lhe uma pequena constante $\varepsilon$ (por exemplo, cujo valor é da ordem de $10^{-6}$) e o erro geral (com apenas $w_i$ alterado) é avaliado (sendo usualmente denominado por $E_i^+$)

2. Altere novamente o peso para seu valor inicial $w_i$ e subtraia $\varepsilon$ dele e reavalie o erro (isso será $E_i^-$)

3. Faça isso para todos os pesos $w_j, \leq j \leq k$

4. Uma vez finalizados, os novos pesos serão ajustados para $w_i \leftarrow w_i - (E_i^+ - E_i^-)/2\varepsilon$

A vantagem de usar esta estratégia de *aproximação por diferenças finitas* é que com ela obtemos resultados de gradiente descendente com uma matemática bastante simples. Felizmente, a maioria das bibliotecas atuais, especialmente em *Python*, possuem ferramentas para diferenciação automática realizam a GD muito rapidamente.

Como Redes neurais Artificiais (RNA) aprendem com seus erros (**E**), é evidente que precisamos medir com estes **E** mudam à medida que os *$w_i$* mudam. Isto significa medir a taxa de variação de E em relação às layers ocultas, que é a mesma coisa que calcular as derivadas ao mesmo tempo, para isso, temos que recorrer a vetores, matrizes e gradiente, para com eles obtermos as alterações para os respectivos pesos.

A partir de agora detalharemos como fazer isto, e por motivos exclusivamente didáticos, utilizaremos uma RNA com apenas dois índices, de maneira que cada camada tivesse apenas um neurônio, pois para muitos neurônios em cada camada o procedimento em essência é o mesmo.

A Figura 19 mostra a estrutura de uma **MLP** com *backpropation*.

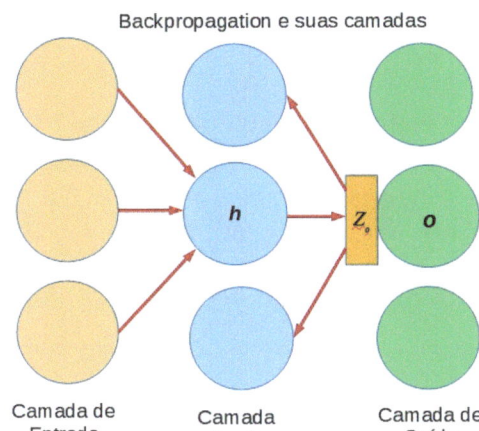

Nesta figura ***h*** é um neurônio na camada oculta e ***o*** um neurônio na camada de saída (output). Vejamos como realizar o cálculo de uma **RNA** tipo **MLP** com backpropagation. Para isto observe a Figura 18 com os neurônios, por exemplo: A, **B**, **C,M**, **H**, com os *inputs* ($x_A$= 0,30 e $x_B$= 0,80) de **A** e **B** e seus pesos disparados para **C** e **M**. Os pesos $w_5$ inicial é de 0,10 e de $w_6$ 0,60.

**Figura 20** – Rede Neural Artificial com backpropagation

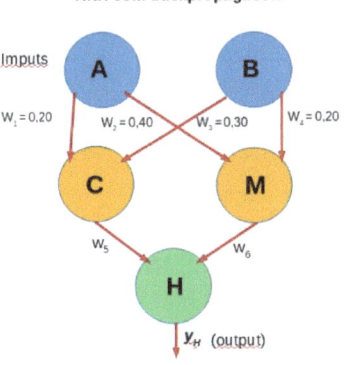

Inicialmente vamos calcular o *forward pass* (passe pra frente): a primeira etapa é calcular as saídas de C e M, chamadas de $y_C$ e $y_M$, respectivamente:

$y_C$ = s(0,30*0,20)+(0,80*0,4) = s 0,38= 0,5938

$y_M$ = s(0,30*0,30)+(0,80*0,2) = s 0,25= 0,5621

Feito isto, basta usarmos $y_C$ e $y_M$ como entradas para o neurônio H, o que nos dará o resultado final:

$y_H$ = s(0,5938*0,10)+(0,5621*0,6) = s 0,3966= 0,5978

O segundo passo é calcularmos o erro de saída. Vale ressaltar que estamos usando a função de erro médio quadrático, sendo o alvo $t_0$=1, ou seja:

*E= ½ Σ(t₀ – y₀)²*

*E= ½ Σ(1 – y_H)² = ½ Σ(1 – 0,5978)² = 0,08088*

Portanto obtivemos um erro pouco superior a 8% e é necessário diminuirmos o mesmo. Explicaremos como calcular *w₅* e *w₆*, os outros pesos são calculados da mesma maneira. Como a retropropagação prossegue na direção oposta à do *farward pass*, o cálculo de *w₅* dever ser realizado primeiro. Precisamos avaliar como a parametrização de *w₅* interfere e minimiza **H**. A derivação mais utilizada é a regra da cadeia. Vamos reescrever o que precisamos calcular:

$$\frac{\partial E}{\partial w5} = \frac{\partial E}{\partial yH} * \frac{\partial yH}{\partial zH} * \frac{\partial zH}{\partial w5}$$

$$\frac{\partial E}{\partial yH} = -1(1 - 0,5978) = -0,4022$$

$$\frac{\partial yH}{\partial zH} = yH(1 - yH) = 0{,}5978(1 - 0{,}5978) = 0{,}2404$$

$$\frac{\partial zH}{\partial w5} = yC.1 + yM.0 = 0{,}5938$$

Logo, o resultado será:

$$\frac{\partial E}{\partial w5} = \frac{\partial E}{\partial yH} * \frac{\partial yH}{\partial zH} * \frac{\partial zH}{\partial w5} = -0{,}4022.0{,}2404.0{,}5938 = -0.05741$$

Para, finalmente, obtermos o novo valor de $w_5$ basta utilizarmos a regra geral de atualização de pesos:

$w_{5\ novo} = w_{5\ inicial} - (0{,}70*0{,}05741) = 0{,}20 - 0{,}04018 = 0{,}15982$. Este é o novo peso de $w_5$, que teve um ajuste de pouco mais de 20% para baixo.

Exatamente o mesmo cálculo deve ser realizado para obter $w_6$:

$$\frac{\partial E}{\partial w6} = \frac{\partial E}{\partial yH} * \frac{\partial yH}{\partial zH} * \frac{\partial zH}{\partial w6}$$

Suponhamos uma taxa de aprendizagem, $\eta$, de 0,70, para obtermos o novo $w_6$. Não é objetivo deste livro apresentar todos estes cálculos repetitivos aqui, afinal, no algoritmo em Python ele pode ser facilmente automatizado. Na sequência, repete-se este cálculo para a próxima camada. É importante utilizar os valores iniciais de $w_5$ (0,10) e $w_6$ (0,60) para encontrar as derivadas de $w_1$, $w_2$, $w_3$ e $w_4$. Uma vez atualizados todos os pesos da RNA entramos na camada oculta, onde deve acontecer uma atualização de $w_3$ e obtermos, o output de **H** passando por **C**.

É possível usar várias amostras de treinamento para obtenção dos erros e encontrar os gradientes; podemos fazer quantas *iterações* quisermos. Uma alternativa a isso seria atualizar os pesos após cada exemplo de treinamento. Isso é chamado de aprendizado on-line. No aprendizado on-line, processamos um único vetor de entrada (amostra de treinamento) por iteração. De fato, tem-se numa RNA de múltiplas camadas com backpropagation um razoável volume de cálculos, que basicamente, repete os procedimentos mostrados até aqui.

No próximo capítulo veremos dos fundamentos de uma rede neural artificial convolucional.

# Capítulo 5

## Fundamentos das Redes Neurais Convolucionais

### Guanis de Barros Vilela Junior

É importante lembrar que *convoluções* na matemática e genericamente falando, são operações entre duas funções para obtenção uma terceira função. Existem vários tipos de convoluções; são muito utilizadas na física, no tratamento de sinais, na engenharia e na inteligência artificial. Existem vários tipos de convoluções: discretas, contínuas, cíclicas, mas não vamos entrar nestes detalhes, pois nos interessa apenas a convolução aplicada nas RNA.

O entendimento de rede convolucional que utilizaremos, dados os objetivos deste livro, é de um algoritmo capaz de transformar uma imagem colorida em um vetor através de uma regressão logística e de uma função de ativação. Mas antes, vamos relembrar como com câmera digital registra as cores em uma imagem ou filme. Atualmente, com câmeras de alta resolução, utilizam a tecnologia CMOS (*Complementary Metal-Oxide Semiconductors*) que é capaz de capturar a luz que atinge sua superfície em várias intensidades e convertê-las em uma matriz de sinais elétricos. No processamento final, o sistema divide o comprimento de onda da luz recebida em três valores dos componentes cromáticos vermelho (R), verde (G), azul (B) do sistema de cores RGB. Para isto, na maioria das vezes, utiliza uma matriz de filtros de cores (CFA, *Color Filter Array*), que é um mosaico de *subpixels* vermelhos, verdes e azuis. Usualmente o padrão CFA Bayer é usado, que possui um padrão 2 × 2 de um vermelho, dois quadrados verde e um azul, como mostra a Figura 21:

**Figura 21** - Filtro CFA – Bayer

A ideia central é transformar cada conjunto de pixels em subconjuntos com menos pixels e assim formar um vetor que represente a imagem enquanto totalidade. Trata-se muito mais de um volume enorme de cálculos, do que propriamente complexidade matemática; mas felizmente, repito, o Python possui livrarias prontas que automatizam tudo isto.

**Utilizando uma RNA convolucional para analisar o movimento humano**

O sucesso da implementação de uma RNA depende muito da organização (normalização) dos dados de entrada na mesma. Vejamos um exemplo de uma RNA convolucional nas Ciências do Movimento Humano (CMH) para identificação da caminhada realizada por um sujeito funcionalmente capaz de realizar esta tarefa com eficiência. Como a imagem inicial é de 12x6, portanto não é "quadrada" e alguns ajustes preliminares como a interpolação dos dados é necessária, outra solução seria usar uma *rede neural recorrente* que é apresentada no próximo capítulo. Mas admitamos que a imagem utilizada na Figura 22 tenha sido convertida em uma matriz quadrada por algum dos métodos para isto, por um exemplo a interpolação, afinal, interessa aqui mostrar como funciona a rede convolucional.

A Figura 22 mostra, esquematicamente, todo o processo de uma rede convolucional; é importante ressaltar que este processo, que realizado, quadro a quadro, sendo capaz de identificar objetos no ambiente, e de identificar a caminhada "normal" ou não.

**Figura 22** – Rede Neural Convolucional para análise do padrão da caminhada

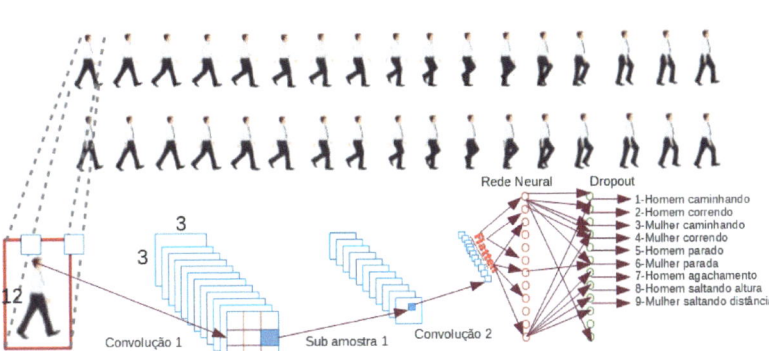

A Figura 22, mostra sequencialmente todo o ciclo de uma passada completa, é evidente que precisamos analisar cada *frame* do vídeo para podermos afirmar que o sujeito está caminhado, afinal, se isolarmos, por exemplo, o último *frame* da linha superior, nada podemos afirmar sobre o que ele está fazendo, se está parado nesta posição, ou se está oscilando o braço direito ou não. A análise do movimento humano, pressupõe uma sequência de movimentos que acontece no tempo, portanto, o vídeo de um sujeito caminhando que tenha 15 segundos de duração, com uma taxa de aquisição de dados de 30 frames/s, ao final, terá gerado 450 frames que terão que ser escaneados em nossa rede convolucional.

Se formos analisar um movimento mais rápido como uma corrida ou um salto triplo, é evidente que teremos que, pelo menos, quadruplicar a taxa de aquisição de dados, ou seja, de 30 Hz para 120 Hz.

Uma curiosidade: na China a polícia utiliza uma rede desta, para identificar homens e mulheres suspeitos de serem "ladrões"; o algoritmo, trabalha com um padrão de caminhada característico de "bandidos". Como seria, se o mesmo fosse utilizado nas ruas de São Paulo, Rio de Janeiro ou Campinas?

Um exemplo do que uma rede neural artificial convolucional pode fazer: Suponhamos uma RNA de duas layers com 50 neurônios cada uma, que serão alimentados por uma matriz de 30x30, então, um único neurônio de saída fornecerá: (30x30)x50 + (50x50) + (50x50) + 50x1 = 50050 parâmetros distintos. Observe que trabalhar com matrizes (imagens) que contenham o mesmo número de colunas e linhas é uma característica importante das redes convolucionais, pois isto, facilita enormemente a vetorização das mesmas. Computadores são bons nisso! Mas e os cálculos? Basicamente, já foram vistos nos capítulos anteriores, regressão logística, funções de ativação, etc. Detalharemos alguns aspectos sobre o tratamento de vídeos por algoritmos computacionais em um capítulo mais adiante.

# Capítulo 6
## Fundamentos das Redes Neurais Recorrentes

### Guanis de Barros Vilela Junior

Chegou a hora de esclarecermos como fazer se as matrizes não são quadradas, como já antecipamos ou fazemos ajustes para torná-la uma matriz do tipo nxn. Redes Neurais Recorrentes são aquelas que lidam com matrizes do tipo mxn que utilizam loops de feedbacks em seus algoritmos. São bastante eficientes em analisar padrões que variam com o tempo, portanto, são potencialmente eficazes para análise do movimento.

Um avanço científico enorme foi conquistado pelos estudos de Hopfield (1982) que foi pioneiro em utilizar redes neurais recorrentes eficientes, mas foram Hochreiter e Schmidhuber (1997) os que propuseram as Redes Neurais Recorrentes de Memória de Longo Prazo (LSTM, em inglês), que são, mais de vinte anos após sua invenção, as mais usadas até hoje.

### Redes Hopfield

As bases teóricas de Hebb (1949), Albus (1971) e Maar (1969) foram inspiradoras para Hopfield, pois a RNA proposta por ele, é, na realidade, um simulacro de como o cérebro humano funciona, consequência da capacidade de apender através de padrões e convergirem para resgatar o padrão mais próximo, uma vez que é inevitável a presença de ruídos. Este aprendizado hebbiano presente nas redes Hopfield é recursivo e, portanto, também muito eficiente para tratar imagens. A maioria de nós é capaz de distinguir uma foto própria quando criança ou de seu pai, num conjunto de 1000 fotos de outras crianças e outro conjunto de 1000 fotos de homens, com muita facilidade, isto é decorrente de nossa evolução filogenética, que especializou nosso cérebro a registrar imagens por associação, por semelhança, por um detalhe no ângulo dos olhos ou no canto da boca e você muito provavelmente acertará. Redes Hopfield funcionam da mesma maneira, nelas pesos positivos aproximam neurônios e assim reforçar um sinal, pesos negativos fazem o contrário. A Figura 23, mostra um exemplo de arquitetura de rede recursiva, formada por 5 neurônios que possuem suas entradas e saídas e funcionam como entradas e saídas em relação aos outros neurônios.

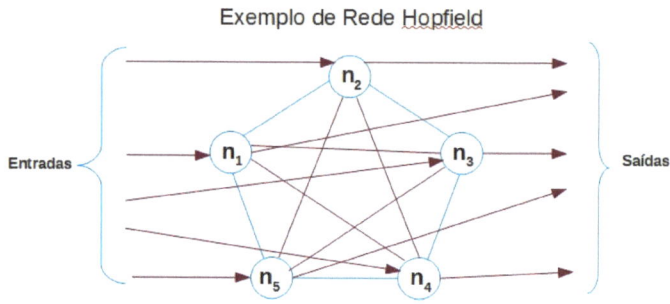

Exemplo de Rede Hopfield

Observe que todos os neurônios são recorrentes, ou seja, recebem inputs, processam estes e fornecem com isto novos inputs aos outros neurônios da rede, de maneira sincrônica ou não.

As Redes Neurais Recorrentes (RNR) apresentam maior flexibilidade quando comparadas às RNAs convolucionais (que como vimos, são excelentes para tratar imagens). A diferença mais importante entre as convolucionais e recorrentes é que nas primeiras eram adicionadas novas layers e às últimas (recorrentes) são adicionadas conexões recorrentes à camada oculta; a principal implicação disto é estas têm comportamento dinâmico temporal.

Para observamos nossa trajetória um brevíssimo olhar para os capítulos anteriores: nas redes com Gradiente Descendente, camadas de neurônios eram adicionadas e isto muitas vezes podia retardar a capacidade de aprendizado, dado que os incrementos podiam ser muito próximos de zero. As redes convolucionais avançaram compartilhando pesos com neurônios, sendo muito eficientes para tratar imagens "quadradas", com matrizes *nxn* que eram vetorizadas. Finalmente, as redes recursivas adicionam conexões recorrentes na camada oculta, se assemelhando muito (em sua estrutura lógica) com os mecanismos de aprendizagem do cérebro humano, por isso, são as mais utilizadas, apesar de mais complexas. A complexidade da aquisição de dados realizada por nosso SNC, é muito mais complexa, dados intrínsecos ao corpo do sujeito, como propriocepção, baroceptores, órgãos tendinosos de Golgi, células de Rufinni, Krause e Pacini, dentre outros, que somados, aos dados extrínsecos, como visão, audição, olfato, pressão atmosférica, temperatura do ambiente, etc., formam um complexo de dados que a IA hoje (terceira década do terceiro milênio) não consegue lidar. Nem os assistentes pessoais como Siri, Alexa, Google Assistente, Cortana, Bia, Samantha, Vicky, Sarah, dentre outros, são satisfatórios; claro que apresentam avanços a cada ano, mas na realidade estão longe de interagir de maneira fluída e natural com o usuário. Até quando ficaremos sob a escravidão dos teclados? Escutei promessas há 30 anos que em uma década estaríamos livres deles, e fato é que a escravidão continua; as experiências com reconhecimento de voz e transformação da voz em texto em um ambiente com outras vozes ou sons, parece estar longe de ser eficiente. Nossa mente recursiva nos permite distinguir e compreender uma frase sub-reptícia, um olhar no olho do outro, um leve movimento da cabeça. Em tempo: cães também são ótimos nisto, passam toda a informação para seu humano de estimação, com rosnadas, latidos e linguagem corporal. Sim, tudo isto só para deixar claro que emitido um sinal, por melhor que seja a qualidade dele, ruídos sempre entram em cena, e o receptor pode capturar mais ruído do que o sinal original, e assim se fez a discórdia (falha na comunicação). Nas redes neurais artificiais recursivas isto também acontece, e uma das razões para contornar este eterno *problema da comunicação é a criação de* vários tipos de RNR, redes específicas para fins específicos. Não obstante, podemos arquitetar redes híbridas, que somam o que dois ou mais tipos de RNAs têm de melhor; mas isto exige um fôlego maior do desenvolvedor das mesmas.

## Outros tipos de redes neurais artificiais recursivas

Sob o ponto de vista estrutural existem vários tipos de RNR, além da pioneira de Hopfield, temos, a de Elman, a de Jordan, as LSTM, as Bidirecionais, as RMLP, dentre outras. A figura 23 mostra algumas destas.

**Figura 23** – Redes Neurais Recursivas: Elman e Jordan

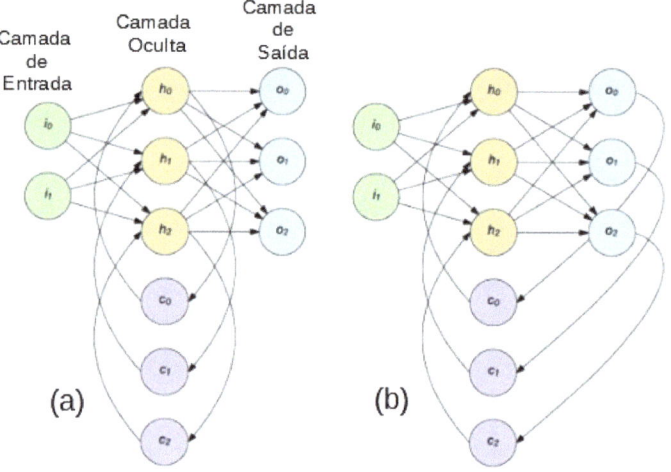

Na figura 23, *i* são as entradas, *h* as ocultas e *o* as saídas e *c* são os controladores (nós de contexto) nas redes de Elman (a) e de Jordan (b). Ambas são amplamente utilizadas para resolver o problema do **XOR**, posto anteriormente, que em última instância é o da classificação do hipercubo unitário, com a *distância de Hamming*, conforme mostra Vilela Junior (2018). Ambas as redes (Elman e Jordan) são muito utilizadas em algoritmos que precisam lidar com a interpretação e tradução semântica entre diferentes idiomas, especialmente, no formato de áudio, por exemplo, um bom aplicativo de tradução simultânea, para conseguir identificar nuances e diferenciar ruídos, e dar uma tradução confiável entre o mandarim e o alemão e vice-versa.

No próximo capítulo veremos aspectos básicos da computação cognitiva, que alguns puristas, podem pensar, que não deveria estar num livro sobre IA, dada a controvérsia que explico no mesmo.

# Capítulo 7

## Computação Cognitiva

### Guanis de Barros Vilela Junior

Um dos métodos (aqui usado em sentido muito amplo) mais promissores da grande área que chamamos de Inteligência Artificial é a chamada *Inteligência Artificial Cognitiva* ou, Computação Cognitiva (CC). A definição de *Computação Cognitiva* é de certa maneira vaga, dado que existem de um lado, pesquisadores que a consideram um tipo de inteligência artificial que busca simular o cérebro humano, com os chamados algoritmos bioinspirados que são capazes de aprender e tomar decisões com mais eficiência do que as RNAs que utilizam a inferência bayesiana; para isto recorrem muitas vezes à lógica fuzzy em seus algoritmos, uma vez que estes simulam a mente humana, aprendendo por associação de clusters em um big data altamente interdisciplinar. É neste sentido que discutiremos a CC neste livro. Do outro lado, existem pesquisadores que afirmam que a CC são algoritmos que auxiliam o humano a tomar decisões e portanto, tentam descolar da expressão *"artificial"* posto que quem dá o veredicto final é o humano, e, em tese, o humano não tem nada de artificial (pode rir se quiser!).

Mais uma vez vem à tona, a complexidade epistemológica da IA, afinal, quando se fala em computação cognitiva bioinspirada, é fundamental tentar elucidar o que vem a ser **cognição**. *Cognição* se refere *ao processo de construção de conhecimento através da experiência e das percepções*. Foi apenas uma possível definição com uma clara intencionalidade: deixá-lo *fuzzy* caro leitor! Ora, ao tentar definir *cognição*, escolhi duas expressões *fuzzy* por excelência, a primeira: o que é *experiência*? Existe experiência sem teoria? Existe prática sem teoria? A segunda: o que é *percepção*? Ser é perceber e ser percebido? Este debate epistemológico é profícuo e amplamente discutido pelos epistemologistas. Mas, fato é que, outra vez, hoje (na terceira década do terceiro milênio da chamada era cristã) a inteligência artificial está longe de lidar eficientemente com toda esta complexidade.

**Vemos o que queremos ver?**

O exemplo do clássico cartão postal alemão de 1888 e autoria anônima ilusta bem isto. Na figura 24, que imagem é vista? Como conseguimos ver um jovem mulher ou uma mulher idosa? E conseguimos alternar, queremos ver uma jovem, a vemos; queremos ver a idosa, a vemos. Claramente, nossa memória altamente associativa para imagens, realiza tal tarefa, apesar de sua enorme complexidade, com bastante facilidade através de redes recursivas híbridas.

**Figura 24** – cartão postal alemão de 1888, mostrando jovem e idosa simultaneamente.

Nosso cérebro de certa forma *vê o que quer ver*: basta lembrar da brincadeira da infância de ficar identificando formas de bichos nas nuvens no céu; ou sendo irônico, ver na sua namorada ou namorado, a maior beleza do mundo.

É claro que existem limites para tudo isto, por exemplo, ver uma geladeira e ter convicção de que está diante de um fogão, é caso a ser tratado por psiquiatras. A computação cognitiva não consegue fazer nada disto, mas é muito eficiente para lidar com sentimentos externados pelos usuários em redes sociais, através de emoticons, likes, e comentários, conforme atestam estudos de Alharbi e Alhalabi (2020), para isto, utilizaram lógica fuzzy para avaliar os sentimentos dos usuários do Twitter em relação as três maiores companhias de *web solutions* da atualidade: a *Amazon☐ web☐ service*; a *Azure* da *Microsoft* e a *GoogleCloud*, identificando características como: 1) polaridade das palavras que são apresentadas no tweet; 2) Efeitos sentimentais apresentados nos *emoticons*; 3) efeitos sentimentais de algumas palavras, negativas, advérbios, etc.; 4) efeitos sentimentais das *hashtags* mencionadas no Tweeter; 5) efeitos sentimentais do número de *likes* e leitores que apoiaram o *tweet*.

É evidente que pessoas com interesses inescrupulosos podem usar algoritmos semelhantes para disparar mensagens textuais, *hashtags* e *emoticons* e assim influenciar e até mesmo decidir, eleições em países *democráticos* do ocidente. O potencial de utilização de algoritmos da chamada computação cognitiva na formação de opinião pública é assustador, pois, é possível, disseminar crenças com muita facilidade, como o terraplanismo; de que os *aliens* estão entre nós; que tomar vacinas é uma enganação só para garantir interesses da indústria farmacêutica dentre outros delírios típicos de gente sem educação elementar.

Sim, existem algoritmos que reconhecem 22 tipos de emoções distintas, mas eis que surge o imponderável: *o humano sabe blefar, sabe simular emoções*, seja um brilhante artista no teatro; seja uma criança simulando um choro para ganhar um presente; seja um aluno fazendo um discurso melodramático para convencer o professor de que seu erro é justificável; seja um amplo sorriso que damos para a pessoa mais chata que conhecemos na vida. Nenhum algoritmo sabe lidar com isto de maneira confiável, e este é o momento oportuno para uma dica preciosa para quem pesquisa sobre IA ou CC, estude também epistemologia, estude filosofia, matemática, lógica bayesiana e fuzzy, estude Python, leia muita poesia, artes e seja feliz. Por que? Porque *a árvore do conhecimento não é árvore da vida*, máxima que conheci em um poema de Blake; mas também existe algo similar na Bíblia. A importância desta dica tem uma clara conotação do que já começou a acontecer no mercado. Saem de cena várias e promissoras profissões; entram em cena, novas profissões, que valorizarão cada vez mais aquele profissional mais holístico, com formação que para além das especialidades, seja um bom generalista, que consiga ver quanto de matemática e física existe em uma sinfonia, mas que também veja quanto de arte existe num complexo algoritmo de IA. Mas voltemos a coisas mais simples.

A figura 25 mostra muito esquematicamente a circuitaria neuronal de uma via tálamo cortical, com diferentes tipos de células nervosas excitatórias e inibitórias que a inteligência cognitiva tenta imitar.

**Figura 25** – Representação esquemático da via tálamo cortical

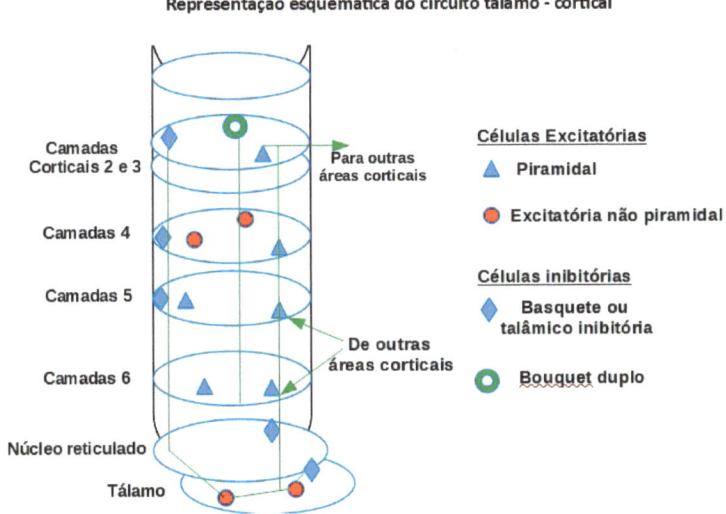

Observe que são quatro camadas corticais que se conectam ao núcleo reticulado e ao tálamo. Um sistema altamente redundante que alimenta continuamente outras áreas corticais a partir das camadas 1 e 2 e recebem informações de outras áreas corticais nas camadas 5 e 6. Neste esquema cada tipo de célula inibitória ou excitatória formam 4 tipos diferentes de camadas neurais conectadas entre si. É importante deixar claro, que o objetivo aqui é apenas ilustrar a complexidade que a inteligência cognitiva enfrenta, não temos a menor pretensão de entrar na seara da neurociência neste livro.

Entretanto, um artigo seminal de Bishop (2009) elucida que foram alcançados resultados experimentais cada vez melhores usando programas de computador cada vez mais sofisticados, isso possibilitou uma melhor compreensão dos muitos componentes da cognição. O autor ressalta que o otimismo inequívoco no *computacionalismo* é equivocado, ou seja, a computação não é necessária nem suficiente para a cognição, portanto, o termo *computação cognitiva* é falacioso. E mais, faz uma contundente crítica do *panpsiquismo* que defende a crença de que o universo físico é fundamentalmente composto de elementos *conscientes*. Algo muito inspirado pelo filme Matrix e uma confusão geral de conceitos físicos quânticos e matemáticos rigorosos relativos à emissão e recebimento de energia por toda matéria. Claro que energia é uma forma de sinal, mas estamos muito longe do domínio do universo enquanto manifestação quântica. Lamento, este é o fato; mas crenças são cegas, de unicórnios a Nárnia.

No próximo capítulo mostraremos, com finalidade essencialmente recordatória e facilidade de acesso, as principais fórmulas e regras que podem ser utilizadas nos algoritmos de IA.

## Capítulo 8

## Bases matemáticas e computacionais para a Inteligência Artificial

**Guanis de Barros Vilela Junior**

A base da análise matemática está o processo de identificação de estruturas que aparecem com certa regularidade em diferentes situações, desenvolvendo uma possível síntese destas e, a partir deste conhecimento resultante, resolver problemas singulares. Assim, pode-se compreender simultaneamente muitas situações diferentes investigando as propriedades que as regem.

### Sobre números, relógios e seus mistérios

À primeira vista matrizes (para quem não é admirador da matemática) parecem não ter relação alguma com os polinômios, e estes parecem não ter nenhuma relação com segmentos de linha direcionados. E que tais segmentos de linha direcionados podem representar vetores no espaço, seja lá qual for sua dimensão. Fato é que a matemática é uma ciência que continua em franca evolução, oferecendo ferramentas que amplificam a capacidade humana de compreender o universo; ou seja, matrizes, polinômios, vetores, formam uma linguagem única, de fácil entendimento, uma vez dominadas suas regras e sintaxes, sem as quais seria, muito mais difícil solucionar alguns problemas. A capacidade de resolver problemas em boa parte da ciência reflete de alguma maneira a capacidade matemática dos pesquisadores. Vejamos um exemplo simples: o número 1111 para a maioria das pessoas representa de maneira incontestável o resultado da soma de 1000 com 111 (1000+111=1111); esta representação numérica é compreendida pela maioria assim mesmo, afinal, temos dez dedos nas mãos, e por isso mesmo, culturalmente e filogeneticamente a adoção da base decimal parece ser óbvia. Mas não é. Trata-se de uma singularidade com a qual nos acostumamos. Por que os inventores do relógio então, não adotaram a mesma escala dividindo o dia em 10 horas? A resposta para isto é simples: pegue um compasso, faça um círculo e tente dividi-lo em 10 arcos iguais. Tarefa bem complicada até para um bom matemático. Agora tente dividir o mesmo círculo em 12 arcos iguais; a tarefa fica muito mais simples, por isso, os relojoeiros da antiguidade adotaram medir o tempo em intervalos iguais que completam uma volta de 360 graus. O tempo não é uma invenção nossa, mas o controle do tempo é uma invenção nossa. Mas voltemos ao número 1111 que não necessariamente é o que você pensa que é (1000+111=1111); e isto será especialmente importante na compreensão de algumas estratégias utilizadas na inteligência artificial.

Podemos ver o número 1111 como uma sequência binária, ou seja, se ao invés de utilizarmos a base decimal de nosso cotidiano, adotarmos a base 2 para nossa matemática, ou seja, todo número pode escrito nesta base, que na computação sua utilização é óbvia há muitos anos, na época de programas de computadores codificados em cartões perfurados, a mensagem era obviamente binária era: com furo ou sem furo; ou passa corrente elétrica ou não passa corrente elétrica, ou seja, 1 ou 0. Neste cenário binário $1111 = 2^3+2^2+2^1+2^0=15$. Sim, para um código de computação 1111 = 15, e analogamente, o 12 do sistema decimal dos antigos relojoeiros é na base 2: $1100 = 2^3+2^2+0+0=12$.

Não menos fascinantes são as matrizes e suas propriedades fundamentais pois representam segmentos de linha direcionados, de n-*tuples* e até polinômios. Uma matriz pode ser adicionada a uma matriz da mesma ordem e o resultado é outra matriz dessa ordem. Isto significa dizer: um segmento de linha direcionado no plano pode ser adicionado a outro segmento de linha direcionado no plano e o resultado é também um segmento de linha direcionado do mesmo tipo. Temos, aqui a consolidação do conceito de adição: objetos em um conjunto específico são definidos e uma operação de adição é estabelecida sobre esses objetos para que a operação seja factível e o resultado seja outro objeto no mesmo conjunto e que tenha um *significado* para nós. Um exemplo simplista: se em uma cesta com ovos e maças misturados, faz sentido somarmos os ovos nela contidos separadamente do total de maças na mesma. Ovos são um conjunto de objetos que têm características em comum, idem as maças. A questão do *significado* é polêmica em toda história da ciência e na inteligência artificial, este tema é recorrente.

Outro conceito interessante é o da multiplicação escalar: ao multiplicar uma matriz ou um segmento de linha direcionada ou um polinômio por um escalar, o resultado é sempre outro objeto do mesmo tipo. Além disso, as leis associativas e associadas que mostram que ao criamos um rótulo para aplicar a qualquer conjunto de objetos que tenham essas características, ou seja, matrizes, segmentos de linha direcionados, n-tuples, polinômios e até funções contínuas são apenas exemplos individuais de espaços vetoriais. Assim como maçãs, bananas, cerejas e jabuticabas são exemplos do tipo geral chamado de frutas, então, matrizes, segmentos de linha direcionados e polinômios, também serão exemplos de vetores em termos gerais.

**Principais conceitos de cálculo vetorial, matrizes e álgebra linear na IA**

Veremos as bases matemáticas necessárias para entender os capítulos posteriores. O principal mecanismo de *deep learning* é chamado de retropropagação e consiste principalmente na descida do gradiente, que é um movimento ao longo do gradiente, e o gradiente é um vetor de derivações. E a primeira seção deste capítulo é sobre derivações e, no final, o leitor deve saber o que é um gradiente e o que é descida gradiente. Não voltaremos a este tópico, mas faremos uso pesado de em todos os capítulos restantes deste livro.

Uma convenção de notação básica que usaremos é ': ='; por exemplo, "A:=wz" significa "Definimos A como *wz, então,* zw também é chamado A". Isso é chamado de nomear wz com o nome

A. tome o conjunto como o conceito matemático básico, pois a maioria dos outros conceitos pode ser construída ou explicado usando conjuntos. Um conjunto é uma coleção de membros e pode ter ambos outros conjuntos e não conjuntos como membros. Não-conjuntos são elementos básicos chamados *urelements* (ou átomos ou indivíduos), como números ou variáveis.

Um conjunto é geralmente indicado com chaves, portanto, para exemplo A:={0,1{2,3,4}} é um conjunto com três membros que contêm os elementos 0, 1 e {2, 3, 4}. Observe que {2, 3, 4} é um elemento de A, não um subconjunto. Um subconjunto de A seria por exemplo {0, {2, 3, 4}}. Um conjunto pode ser escrito extensionalmente nomeando o membros como {−1, 0, 1} ou intencionalmente, dando à propriedade que os membros devem satisfazer, como {x | x ∈ Z ∧ | x | <2} em que Z é o conjunto de números inteiros e | x | é valor absoluto de x. Observe que esses dois denotam o mesmo conjunto, pois têm os mesmos membros. Esse princípio de igualdade é chamado *axioma da extensionalidade*, e diz que dois conjuntos são iguais se e somente se eles tiverem os mesmos membros. Isso significa que {0, 1} e {1, 0} são iguais, mas também {1, 1, 1, 1, 0} e {0, 0, 1, 0} (todos eles têm os mesmos membros, 0 e 1).

Um conjunto não se lembra da ordem dos elementos ou repetições de um elemento. Se temos um conjunto que lembra repetições, mas não o ordena, temos multi sets ou bags, então tem {1, 0, 1} = {1, 1, 0}, mas nenhum é igual a {1, 0}, estamos falando de multi sets. A maneira usual de designar bags para distingui-las de conjuntos é numerar os elementos, então, em vez de escrever {1, 1, 1, 1, 0, 1, 0, 0}, escreveríamos {"1": 5, "0": 3}. Bags serão muito úteis para modelar a linguagem através da chamada *bag of words*, como será visto mais adiante.

Se nos preocupamos com a posição e com as repetições, escrevemos (1, 0, 0, 1, 1). Este o objeto é chamado de vetor. Se temos um vetor de variáveis como ($x_1$, $x_2$,.., $X_n$), escrevemos como x ou x. O indivíduo xi, $1 \leq i \leq n$, é chamado de componente (em conjuntos que costumavam chamados membros), e o número de componentes é chamado dimensionalidade do vetor x.

Os termos tuple e lista são muito semelhantes aos vetores. Os vetores são usados principalmente em discussões teóricas, enquanto tuples e listas são usadas na realização de vetores código de programação. Matematicamente tuples são linhas ordenadas de objetos e apresentam uma sequência finita. Na inteligência artificial *tuples* são utilizadas em três contextos bem distintos, podendo se referir a uma função que mapeia campos em um banco de dados; outras vezes se referem a um objeto de dados que alocam diversos objetos (uma dúzia de kinderovos!), e finalmente, podem se referir a um método sintático tratável que garanta a isenção de certos comportamentos.

Na linguagem Python, muito utilizada atualmente em algoritmos da inteligência artificial as estruturas de dados são: t*uple, list* e *set*. A *tuple* é uma sequência de dados que não é alterável (imutabilidade), por exemplo: t=(58,69,77,78,98) ao passo que uma *list* é uma sequência de dados alterável, por exemplo: t=[58,69,77,78,98]. O *set* (conjuntos) é formado por dados aleatórios, ou seja, não estão ordenados, e cada elemento só é considerado uma vez apenas, por exemplo t={58,69,77,78,98}. Geralmente *tuples* são mais robustas no desenvolvimento de algoritmos do que *lists*, mas isso pode variar conforme o problema a ser resolvido.

Às vezes, podemos querer modelar vetores como *tuples*, mas geralmente queremos modelá-los como listas em nossos códigos de programação.

Agora temos que voltar nossa atenção para as funções. Adotaremos uma abordagem computacional em sua definição. Uma função pega argumentos (entradas) e os transforma em valores (saídas). Obviamente, o segredo com as funções é que precisamos definir nelas como ir das entradas às saídas, ou, em outras palavras, como transformar as entradas em saídas. Lembre-se de uma função, v.j = $5x^8 + 3x^3 + 16$ ou equivalentemente f (x) = $5x^8 + 3x^3 + 16$, onde x é a entrada, y é a saída e f é o 'nome' da função. A saída y é definida como a aplicação de f a x, ou seja, y: = f (x)=$5x^8 + 3x^3 + 16$.

Quando pensamos em uma função como essa, na verdade temos uma instrução (algoritmo) de como transformar x para obter y, usando funções mais simples, como adição, multiplicação e exponenciação.

Observe que se tivermos uma função com 2 argumentos[4] f (x, y) = xy e passarmos os valores (2, 3), obtemos 8. Se passarmos (3, 2), obteremos 9, o que significa que as funções são sensíveis à ordem, ou seja, eles operam em entradas vetoriais. Isso significa que podemos generalizar e dizer que uma função sempre pega um vetor como entrada, e uma função que toma um vetor n-dimensional é chamada de função *n-enessima*. Isso significa que somos livres para usar a notação f (x). Uma função 0-ária é uma função que produz uma saída, mas não recebe entrada. Essa função é chamada constante, p. p () = 3,14159 ... (observe a notação com os parênteses abertos e fechados). Observe que podemos pegar o vetor de entrada do argumento de uma função e adicionar a saída, para que tenhamos ($x_1$, $x_2$, ..., $x_n$, y). Essa estrutura é chamada de gráfico da função f para as entradas x. Vamos ver como podemos estender isso para todas as entradas. Uma função pode ter parâmetros e a função f (x) = ax + b tem a e b como parâmetros. Eles são considerados fixos, mas podemos ajustá-los para obter uma versão melhor da função. Observe que uma função sempre fornece o mesmo resultado se receber a mesma entrada e você não alterar os parâmetros. Alterando os parâmetros, você pode alterar drasticamente a saída. Isso é muito importante para o *deep learning*, pois o mesmo é um método para ajustar automaticamente os parâmetros que, por sua vez, modificam a saída.

Podemos ter um conjunto A e desejar criar uma função de x que dê o valor 1 a todos os valores que são membros de A e 0 zero) a todos os outros valores de x que, obviamente, não estejam em A. Como essa função é diferente para todos os conjuntos A, e além disso, sempre faz a mesma coisa, a mesma é chamada função indicadora, sendo conhecida como $\chi_A$ (lê-se: *qui a*) na literatura. Tal nomenclatura é usada na chamada codificação *one-hot*.

Se tivermos uma função y = ax, o conjunto do qual extraímos as entradas é chamado de domínio da função, e o conjunto ao qual as saídas pertencem é chamado de *co-domínio (ou codomain)* da função. Em geral, uma função não precisa ser definida para todos os membros do domínio e, se for, é chamada de função total. Todas as funções que não são totais são chamadas parciais. Lembre-se de que uma função atribui a cada vetor de entrada sempre a mesma saída (desde que os parâmetros não sejam alterados). Se, ao fazer isso, a função 'esgota' todo o *codomain*, isto é, após a atribuição, não há membros do *codomain* que não sejam saídas de algumas entradas, a função é chamada de *superação*. Se, por outro lado, a função nunca atribui a diferentes vetores de entrada a mesma saída, isso é chamado de *injeção*. Se é uma injeção e rejeição, é chamado de *bijeção*. O conjunto de saídas B, dado um conjunto de entradas A, é chamado de imagem e denotado por f [A] = B. Se procurarmos um conjunto de entradas A, dado o conjunto de saídas B, estamos observando sua imagem inversa indicada por $f^{-1}$ [B] = A (podemos usar a mesma notação para elementos individuais $f^{-1}$(b)=(a).

Uma função f é chamada monótona se para cada x e y do domínio (para o qual a função é definida) o seguinte vale: se x <y então f (x) ≤ f (y) ou se x> y então f (x) ≥ f (y). Dependendo da direção, isso é chamado função de aumento ou diminuição, e se tivermos < (menor) em vez de ≤ (menor ou igual), isso será chamado de *estritamente aumentando* (ou estritamente diminuindo). Uma função contínua é uma função que não possui lacunas. Para os objetivos do presente livro, essa definição é satisfatória.

Outro tipo de função e nosso interesse é a *função step* que recebe um vetor n-dimensional onde todos os componentes do vetor de entrada da função são adicionados antes de serem comparados com o limite n (o limiar n é chamado de viés na literatura de redes neurais). Observe que a função *step* pode não ser contínua ou não e esta informação será importante mais adiante.

Se o output da função f se aproximar de um valor c (e permanecer nele), diz-se que a função converge em c. Se não houver esse valor, a função é chamada divergente. Na maioria livros de matemática, as definições de convergência são mais detalhadas. O número de Euler (e), é umas das mais importantes constantes da matemática, e = 2,718281 aproximadamente.

O último conceito que precisaremos antes de continuar com derivações é o conceito de um limite. Uma definição intuitiva seria que o limite de uma função é um valor que as saídas da função se aproximam, mas nunca atingem. A partir deste ponto, será apresentada uma brevíssima compilação de fórmulas e relações entre funções, com o exclusivo intuito de facilitar para o leitor proficiente nas mesmas, uma fonte de recordação rápida. Para leitores não proficientes recomendamos recorrer a livros de cálculo diferencial e integral, álgebra linear e cálculo vetorial.

**Principais Regras de Limites:**

Se $\lim_{x \to a} f(x)$ e $\lim_{x \to a} g(x)$ existem, e $k$ é um número real qualquer, então:

a) $\lim_{x \to a} [f(x) \pm g(x)] = \lim_{x \to a} f(x) \pm \lim_{x \to a} g(x)$.

b) $\lim_{x \to a} k.f(x) = k.\lim_{x \to a} f(x)$.

c) $\lim_{x \to a} [f(x) \cdot g(x)] = \lim_{x \to a} f(x) \cdot \lim_{x \to a} g(x)$.

d) $\lim_{x \to a} \frac{f(x)}{g(x)} = \frac{\lim_{x \to a} f(x)}{\lim_{x \to a} g(x)}$, $\lim_{x \to a} g(x) \neq 0$.

e) $\lim_{x \to a} k = k$.

## Sobre as notações de Lagrange e de Leibniz

Uma observação importante, se uma função f(x) (o domínio é X) que possua uma derivada em cada ponto *a* ∈ *X*, existe uma nova função g(x) que mapeia todos os valores de X é chamada derivada de f. Como g(x) depende de f e x, introduzimos a notação f(x) (notação Lagrange) ou, lembrando que f(x) = y, podemos usar a notação dy dx ou df dx (notação Leibniz). Ambas as notações serão utilizadas neste livro de acordo com a praticidade de cada uma delas em diferentes situações.

Fórmula da Derivada Geral:

$$f'(x) = \frac{dy}{dx} = \lim_{h \to 0} \frac{f(x+h) - f(x)}{h}$$

**Principais regras de derivadas básicas estão são:**

$$\frac{d}{dx}(c) = 0$$

$$\frac{d}{dx}(f(x) + g(x)) = f'(x) + g'(x)$$

$$\frac{d}{dx}(f(x)g(x)) = f'(x)g(x) + f(x)g'(x)$$

$$\frac{d}{dx}(x^n) = nx^{n-1}, \text{ for real numbers } n$$

$$\frac{d}{dx}(cf(x)) = cf'(x)$$

$$\frac{d}{dx}(f(x) - g(x)) = f'(x) - g'(x)$$

$$\frac{d}{dx}\left(\frac{f(x)}{g(x)}\right) = \frac{g(x)f'(x) - f(x)g'(x)}{(g(x))^2}$$

$$\frac{d}{dx}[f(g(x))] = f'(g(x)) \cdot g'(x)$$

**As principais derivadas trigonométricas são:**

$$\frac{d}{dx}(\sin x) = \cos x$$

$$\frac{d}{dx}(\tan x) = \sec^2 x$$

$$\frac{d}{dx}(\sec x) = \sec x \tan x$$

$$\frac{d}{dx}(\cos x) = -\sin x$$

$$\frac{d}{dx}(\cot x) = -\csc^2 x$$

$$\frac{d}{dx}(\csc x) = -\csc x \cot x$$

**As principais derivadas exponenciais e logarítmicas são:**

$$\frac{d}{dx}(e^x) = e^x$$

$$\frac{d}{dx}(\ln|x|) = \frac{1}{x}$$

$$\frac{d}{dx}(b^x) = b^x \ln b$$

$$\frac{d}{dx}(\log_b x) = \frac{1}{x \ln b}$$

## As principais Integrais básicas são:

$$\int u^n \, du = \frac{u^{n+1}}{n+1} + C, \; n \neq -1$$

$$\int \frac{du}{u} = \ln|u| + C$$

$$\int e^u \, du = e^u + C$$

$$\int a^u \, du = \frac{a^u}{\ln a} + C$$

$$\int \sin u \, du = -\cos u + C$$

$$\int \cos u \, du = \sin u + C$$

$$\int \sec^2 u \, du = \tan u + C$$

$$\int \csc^2 u \, du = -\cot u + C$$

$$\int \sec u \tan u \, du = \sec u + C$$

## As principais Integrais trigonométricas são:

$$\int \cos^2 u \, du = \tfrac{1}{2}u + \tfrac{1}{4}\sin 2u + C$$

$$\int \tan^2 u \, du = \tan u - u + C$$

$$\int \cot^2 u \, du = -\cot u - u + C$$

$$\int \sin^3 u \, du = -\tfrac{1}{3}(2 + \sin^2 u)\cos u + C$$

$$\int \cos^3 u \, du = \tfrac{1}{3}(2 + \cos^2 u)\sin u + C$$

$$\int \tan^3 u \, du = \tfrac{1}{2}\tan^2 u + \ln|\cos u| + C$$

$$\int \cot^3 u \, du = -\tfrac{1}{2}\cot^2 u - \ln|\sin u| + C$$

$$\int \sec^3 u \, du = \tfrac{1}{2}\sec u \tan u + \tfrac{1}{2}\ln|\sec u + \tan u| + C$$

$$\int \csc^3 u \, du = -\tfrac{1}{2}\csc u \cot u + \tfrac{1}{2}\ln|\csc u - \cot u| + C$$

## As principais Integrais exponenciais e logarítmicas são:

$$\int u e^{au} \, du = \frac{1}{a^2}(au - 1)e^{au} + C$$

$$\int u^n e^{au} \, du = \frac{1}{a}u^n e^{au} - \frac{n}{a}\int u^{n-1} e^{au} \, du$$

$$\int e^{au} \sin bu \, du = \frac{e^{au}}{a^2 + b^2}(a \sin bu - b \cos bu) + C$$

$$\int e^{au} \cos bu \, du = \frac{e^{au}}{a^2 + b^2}(a \cos bu + b \sin bu) + C$$

$$\int \ln u \, du = u \ln u - u + C$$

$$\int u^n \ln u \, du = \frac{u^{n+1}}{(n+1)^2}[(n+1)\ln u - 1] + C$$

$$\int \frac{1}{u \ln u} \, du = \ln|\ln u| + C$$

**As principais Integrais hiperbólicas são:**

$$\int \sinh u \, du = \cosh u + C$$

$$\int \cosh u \, du = \sinh u + C$$

$$\int \tanh u \, du = \ln \cosh u + C$$

$$\int \coth u \, du = \ln |\sinh u| + C$$

$$\int \operatorname{sech} u \, du = \tan^{-1} |\sinh u| + C$$

$$\int \operatorname{csch} u \, du = \ln \left| \tanh \tfrac{1}{2} u \right| + C$$

$$\int \operatorname{sech}^2 u \, du = \tanh u + C$$

$$\int \operatorname{csch}^2 u \, du = -\coth u + C$$

$$\int \operatorname{sech} u \tanh u \, du = -\operatorname{sech} u + C$$

$$\int \operatorname{csch} u \coth u \, du = -\operatorname{csch} u + C$$

**Integrais com u² + a², sendo a>0**

$$\int \sqrt{a^2+u^2}\, du = \frac{u}{2}\sqrt{a^2+u^2} + \frac{a^2}{2}\ln\left(u+\sqrt{a^2+u^2}\right) + C$$

$$\int u^2\sqrt{a^2+u^2}\, du = \frac{u}{8}(a^2+2u^2)\sqrt{a^2+u^2} - \frac{a^4}{8}\ln\left(u+\sqrt{a^2+u^2}\right) + C$$

$$\int \frac{\sqrt{a^2+u^2}}{u}\, du = \sqrt{a^2+u^2} - a\ln\left|\frac{a+\sqrt{a^2+u^2}}{u}\right| + C$$

$$\int \frac{\sqrt{a^2+u^2}}{u^2}\, du = -\frac{\sqrt{a^2+u^2}}{u} + \ln\left(u+\sqrt{a^2+u^2}\right) + C$$

$$\int \frac{du}{\sqrt{a^2+u^2}} = \ln\left(u+\sqrt{a^2+u^2}\right) + C$$

$$\int \frac{u^2\, du}{\sqrt{a^2+u^2}} = \frac{u}{2}\left(\sqrt{a^2+u^2}\right) - \frac{a^2}{2}\ln\left(u+\sqrt{a^2+u^2}\right) + C$$

$$\int \frac{du}{u\sqrt{a^2+u^2}} = -\frac{1}{a}\ln\left|\frac{\sqrt{a^2+u^2}+a}{u}\right| + C$$

$$\int \frac{du}{u^2\sqrt{a^2+u^2}} = -\frac{\sqrt{a^2+u^2}}{a^2 u} + C$$

**Integrais com u² – a²**

$$\int \sqrt{u^2-a^2}\, du = \frac{u}{2}\sqrt{u^2-a^2} - \frac{a^2}{2}\ln\left|u+\sqrt{u^2-a^2}\right| + C$$

$$\int u^2\sqrt{u^2-a^2}\, du = \frac{u}{8}(2u^2-a^2)\sqrt{u^2-a^2} - \frac{a^4}{8}\ln\left|u+\sqrt{u^2-a^2}\right| + C$$

$$\int \frac{\sqrt{u^2-a^2}}{u}\, du = \sqrt{u^2-a^2} - a\cos^{-1}\frac{a}{|u|} + C$$

$$\int \frac{\sqrt{u^2-a^2}}{u^2}\, du = -\frac{\sqrt{u^2-a^2}}{u} + \ln\left|u+\sqrt{u^2-a^2}\right| + C$$

## Teorema do Binômio de Newton

$$(a+b)^n = a^n + \binom{n}{1}a^{n-1}b + \binom{n}{2}a^{n-2}b^2 + \cdots + \binom{n}{n-1}ab^{n-1} + b^n,$$

**Onde**:

$$\binom{n}{k} = \frac{n(n-1)(n-2)\cdots(n-k+1)}{k(k-1)(k-2)\cdots 3 \cdot 2 \cdot 1} = \frac{n!}{k!(n-k)!}$$

## Bases das Operações com Matrizes

### A forma geral

$$A = \begin{bmatrix} a_{11} & a_{12} & a_{13} & \cdots & a_{1n} \\ a_{21} & a_{22} & a_{23} & \cdots & a_{2n} \\ a_{31} & a_{32} & a_{33} & \cdots & a_{3n} \\ \vdots & \vdots & \vdots & \ddots & \vdots \\ a_{p1} & a_{p2} & a_{p3} & \cdots & a_{pn} \end{bmatrix}$$

Uma matriz pode ter equações e funções em sua estrutura

$$\begin{bmatrix} x^2 & x \\ e^x & \frac{d}{dx}\ln x \\ 5 & x+2 \end{bmatrix}$$

Exemplo de soma de matrizes

$$\begin{bmatrix} 5 & 1 \\ 7 & 3 \\ -2 & -1 \end{bmatrix} + \begin{bmatrix} -6 & 3 \\ 2 & -1 \\ 4 & 1 \end{bmatrix} = \begin{bmatrix} 5+(-6) & 1+3 \\ 7+2 & 3+(-1) \\ -2+4 & -1+1 \end{bmatrix} = \begin{bmatrix} -1 & 4 \\ 9 & 2 \\ 2 & 0 \end{bmatrix}$$

Multiplicação entre matrizes

$$\begin{bmatrix} a_{11} & a_{12} & \cdots & a_{1k} \\ a_{21} & a_{22} & \cdots & a_{2k} \\ \vdots & \vdots & \vdots & \vdots \\ a_{n1} & a_{n2} & \cdots & a_{nk} \end{bmatrix} \begin{bmatrix} b_{11} & b_{12} & \cdots & b_{1p} \\ b_{21} & b_{22} & \cdots & b_{2p} \\ \vdots & \vdots & \vdots & \vdots \\ b_{k1} & b_{k2} & \cdots & b_{kp} \end{bmatrix} = \begin{bmatrix} c_{11} & c_{12} & \cdots & a_{1p} \\ c_{21} & c_{22} & \cdots & c_{2p} \\ \vdots & \vdots & \vdots & \vdots \\ c_{n1} & c_{n2} & \cdots & c_{np} \end{bmatrix}$$

Onde, cada elemento da matriz A.B é calculado pela fórmula e assim até Cnp:

$$c_{ij} = a_{i1}b_{1j} + a_{i2}b_{2j} + a_{i3}b_{3j} + \cdots + a_{ir}b_{rj} = \sum_{k=1}^{r} a_{ik}b_{kj}$$

Então, o elemento C11 é obtido assim:

$$c_{11} = a_{11}b_{11} + a_{12}b_{21} + a_{13}b_{31} + \cdots + a_{1r}b_{r1}$$

Vejamos o produto das matrizes A e B:

$$\mathbf{AB} = \begin{bmatrix} 1 & 2 & 3 \\ 4 & 5 & 6 \end{bmatrix} \begin{bmatrix} -7 & -8 \\ 9 & 10 \\ 0 & -11 \end{bmatrix}$$

$$= \begin{bmatrix} 1(-7) + 2(9) + 3(0) & 1(-8) + 2(10) + 3(-11) \\ 4(-7) + 5(9) + 6(0) & 4(-8) + 5(10) + 6(-11) \end{bmatrix}$$

$$= \begin{bmatrix} 11 & -21 \\ 17 & -48 \end{bmatrix}$$

Observe que o produto A.B é diferente do produto B.A:

$$BA = \begin{bmatrix} -7 & -8 \\ 9 & 10 \\ 0 & -11 \end{bmatrix} \begin{bmatrix} 1 & 2 & 3 \\ 4 & 5 & 6 \end{bmatrix}$$

$$= \begin{bmatrix} (-7)1 + (-8)4 & (-7)2 + (-8)5 & (-7)3 + (-8)6 \\ 9(1) + 10(4) & 9(2) + 10(5) & 9(3) + 10(6) \\ 0(1) + (-11)4 & 0(2) + (-11)5 & 0(3) + (-11)6 \end{bmatrix}$$

$$= \begin{bmatrix} -39 & -54 & -69 \\ 49 & 68 & 87 \\ -44 & -55 & -66 \end{bmatrix}$$

Vejamos agora a estrutura de uma Matriz Transposta:

$$A = \begin{pmatrix} 1 & 2 \\ 3 & 4 \\ 5 & 6 \end{pmatrix},$$

$$A^T = \begin{pmatrix} 1 & 3 & 5 \\ 2 & 4 & 6 \end{pmatrix}.$$

As principais propriedades entre matrizes transpostas, onde *lambda* é uma constante, são:

(a) $(A^T)^T = A$
(b) $(\lambda A)^T = \lambda A^T$
(c) $(A + B)^T = A^T + B^T$

## Considerações finais

Este breve resumo das bases matemáticas que podem ser utilizadas nos algoritmos da IA e no tratamento dos dados científicos inerentes à solução buscada, não deve ser motivo de preocupação para o pesquisador da área da saúde que queira pesquisar e/ou desenvolver sobre algum objeto de pesquisa usando a mesma.

Isto, por uma questão que foi colocada na apresentação do presente livro: é impossível dominar todo o conhecimento necessário para que uma solução em Inteligência Artificial se materialize. Busque parcerias com profissionais de diversas áreas. Assim, todos aprendem um pouco além de suas especialidades. Este exercício de sair para fora da zona de conforto é salutar sendo por excelência um arejador de mentes. Taí um bom motivo, como disse o poeta há quase 100 anos:

"Há só uma janela fechada, e todo o mundo lá fora;
E um sonho do que se poderia ver se a janela se abrisse,
Que nunca é o que se vê quando se abre a janela".

(Fernando Pessoa, 1925).

## Glossário

**Algoritmo fuzzy:** uma sequência ordenada de instruções que pode conter atribuições fuzzy, instruções condicionais, instruções repetitivas e operações tradicionais.

**Análise de Componentes Principais (PCA):** Uma transformação linear ortogonal com base na decomposição de valores singulares que projeta dados em um subespaço que preserva a variação máxima.

**Análise de dados conflitantes (CDA):** Uma abordagem que, após a aquisição de dados, prossegue com a imposição de um modelo anterior e com parâmetros de análise, estimativa e modelo de teste.

**Análise Exploratória de Dados (EDA):** Uma abordagem baseada em permitir que os próprios dados revelem sua estrutura e modelo subjacente, usando fortemente a coleção de técnicas conhecidas como gráficos estatísticos.

**Análise Independente de Componentes (ICA):** Um método exploratório para separar uma mistura linear de fontes de sinais latentes em componentes independentes como estimativas ideais das fontes originais.

**Aprendizado ativo estatístico:** O conjunto de algoritmos de aprendizado ativo nos quais os critérios de seleção de amostra são baseados em alguma função estatística objetiva, como minimização de erro de generalização, viés e variância. O aprendizado estatístico ativo geralmente é estatisticamente ideal.

**Aprendizado de Reforço Hierárquico:** Um sub-campo do aprendizado de reforço relacionado à descoberta e uso de decomposição de tarefas, controle hierárquico, abstração temporal e de estado, por exemplo, programar um robô humanoide para ficar de pé sozinho; depois disto, programá-lo para caminhar, correr em terrenos planos, subir escadas, realizar saltos mortais, etc.

**Aprendizado heurístico ativo**: algoritmos de aprendizado ativos nos quais o critério de seleção de amostra é baseado em uma função objetiva heurística. Conjunto de regras e métodos que conduzem à descoberta, à invenção e à resolução de problemas de maneira rápida, objetiva e eficiente.

**Aprendizado não supervisionado:** um algoritmo de aprendizado que tenta identificar clusters com base na semelhança entre recursos ou entre instâncias ou em ambos, mas sem levar em consideração nenhum conhecimento prévio.

**Aprendizado por reforço:** o problema enfrentado por um agente que aprende a uma utilidade mede o comportamento a partir de sua interação com o ambiente.

**Aprendizado supervisionado:** um algoritmo que recebe um conjunto de treinamento que consiste em vetores de recursos associados aos rótulos de classe e cujo objetivo é aprender um classificador que pode prever os rótulos de classe.

**Aprendizado profundo:** área do *machine learning*, que abrange os três tipos de aprendizados (supervisionado, não supervisionado e o por reforço), sendo utilizado para desenvolver soluções de inteligência artificial que geralmente não são satisfatórias quando abordadas com os métodos clássicos do *machine learning*, como a representação do conhecimento, raciocínio, emoções, dentre outros.

**Aprendizagem Colaborativa Suportada por Computador (CSCL):** um tópico de pesquisa sobre o suporte a metodologias de aprendizagem colaborativa com a ajuda de computadores e ferramentas colaborativas.

**Atratores:** são trajetórias ou pontos de um sistema que se consolidam ao longo do tempo, podendo formar um "padrão de flutuabilidade" entre variáveis, usualmente são pouco dependentes das condições iniciais. Por exemplo, na inteligência artificial, neurônios de uma rede híbrida de várias camadas, podem atrair alguns neurônios, reforçando uma resposta, ou inibir outros neurônios. Outro exemplo: no sistema solar e em relação à Terra, os maiores atratores, são o Sol, Júpiter e Saturno, pois possuem as maiores massas e Marte e Vênus pela sua proximidade com nosso planeta. Os outros milhares de corpos celestes que gravitam no sistema solar, são fortemente influenciados por estes, sendo acelerados à medida que se aproximam do sol e usualmente desacelerados à medida que se afastam do sol.

**Backpropagation**: trata-se de um método que generaliza o cálculo do gradiente na regra Delta (que é a backpropagation de uma única camada), sendo um exemplo de acumulação reversa de informações.

**Bifurcação e dinâmica diversa:** nos sistemas dinâmicos e teoria do caos, refere-se à transição entre duas modalidades dinâmicas qualitativamente distintas; podem estar presentes em sistemas biológicos nos momentos adaptativos ou da emergência de uma nova estrutura, por exemplo, um foco ectópico em uma única célula cardíaca pode induzir células vizinhas a ter outro padrão de batimento, isto macroscopicamente, em uma bifurcação pode levar a uma zona de caos (infarto do miocárdio).

**Biônica:** A aplicação de métodos e sistemas encontrados na natureza ao estudo e design de sistemas de engenharia que tentam mimetizar funções e/ou comportamentos biológicos em sistemas eletrônicos.

**Computação Cognitiva:** controversas à parte, pode ser compreendida como um dos ramos da IA que tenta mimetizar o funcionamento do cérebro humano através de algoritmos bioinspirados.

**Computacionalismo:** crença falaciosa de que computadores sejam capazes de fazer cognição nos termos postos pela psiquiatria.

**Conexionismo**: é o termo usado para descrever a aplicação de redes neurais artificiais ao estudo da mente. Em estudos conexionistas, o conhecimento é representado na força das conexões entre um conjunto de neurônios artificiais, ou seja, a força de atratatores neurais.

**Conexionismo Eliminativo:** método classificatório que opera no nível subsimbólico. Por exemplo, o conceito de "bicicleta" poderia ser capturado em uma representação distribuída como uma série de recursos de entrada (por exemplo, duas rodas, pedais, quadro, etc.) e existiria na rede na forma de links ponderados entre seu neurônio como unidades.

**Conexionismo implementacional:** é aquele que tem como objetivo implementar o processamento clássico de símbolos usando redes artificiais e assim explicar o processamento de símbolos no nível dos neurônios.

**Convolução espacial:** refere-se a combinação linear de uma série de dados 2D discretos (uma imagem digital) com alguns coeficientes ou pesos. Na teoria de Fourier, uma convolução no espaço é equivalente oscilação de frequência (espacial) de sua independência estatística mútua e não gaussianidade.

**Decisão Lexical:** refere-se às medidas criadas para analisar e reconhecer palavras. Uma palavra ou pseudopalavra (uma sequência de letras sem sentido, em conformidade com as regras de ortografia) é, por exemplo, digitada em sua língua nativa. O corretor de textos deve realizar uma decisão lexical para considerar a mesma como correta ou não, tanto em sua grafia, quanto em sua semântica. No sentido semântico são muito complexas e ainda bem ineficientes.

**Decomposição hierárquica de tarefas:** decomposição de uma tarefa em uma hierarquia de subtarefas menores.

**Diagnóstico Assistido por Computador (CAD)**: Área de pesquisa que inclui o desenvolvimento de técnicas e procedimentos computacionais para auxiliar os profissionais de saúde no processo de tomada de decisão para o diagnóstico médico.

**Diagrama de Voronoy (VD):** Uma estrutura de dados de geometria computacional fundamental que armazena informações topológicas para um conjunto de objetos. Pode ter mais de duas dimensões.

**Dinâmica Caótica:** características específicas indicando comportamento complexo de sistemas não lineares, geralmente, não apresentam distribuição gaussiana e sim de Pareto (em sistemas biológicos complexos), é altamente dependente das condições iniciais do sistema.

**Distância de Hamming:** entre duas strings de mesmo comprimento é o número de posições nas quais elas diferem entre si. Corresponde ao menor número de substituições necessárias para transformar uma *string* na outra, ou o número de erros que transformaram uma na outra.

**Distância de Mahalanobis:** é uma medida que recorre à probabilidade e à variância de um conjunto de dados que considera o centroide dos dados multivariados como referência. Assim, mede a distância relativa entre duas variáveis em relação ao centroide e então, quanto menor esta distância mais homogênea é a distribuição dos dados.

**Distância euclidiana**: é a distância entre dois pontos no espaço euclidiano, 2D e 3D, medida pela raiz quadrada da soma dos quadrados das diferenças de suas coordenadas.

**Distância Manhattan**: também conhecida como *cab distance*, é calculada entre dois pontos como a soma das diferenças absolutas entre as suas coordenadas.

**Epistemologia:** metaciência que busca compreender o processo de construção de conhecimento das ciências em geral. A mesma se consolidou na virada para o século XX, com o surgimento da física quântica, da física relativística, da sociologia, da computação e agora, da inteligência artificial.

**Estabilidade**: O estudo de repelentes e atratores é feita através da análise de estabilidade, que quantifica como perturbações infinitesimais em uma determinada trajetória executadas pelo sistema são atenuadas ou amplificadas com o tempo. etapa de segmentação é geralmente um conjunto de elementos classificados,

**Excesso de ajuste:** uma situação em que um modelo aprende relacionamentos espúrios e, como resultado, pode prever rótulos de dados de treinamento, mas não generalizar para prever dados futuros.

**Extração de Recursos:** Localização de recursos representativos de um determinado problema a partir de amostras com características diferentes.

**Faixa dinâmica:** um termo usado para descrever a proporção entre o menor e o maior valor possível de uma quantidade variável.

**Filtro passa-baixo:** filtro que remove altas frequências de uma imagem ou sinal. Esse tipo de filtro é usado para simular o sistema de visão infantil no início estágios. Exemplos desses filtros são os filtros médios ou o filtro médio.

**FPGA:** sigla que significa Field-Programmable Gate Array, um dispositivo semicondutor inventado em 1984 por R. Freeman que contém interfaces programáveis e componentes lógicos chamados "blocos lógicos"

**Função de membro:** Dá a nota, ou grau, de membro dentro do conjunto difuso, de qualquer elemento do universo do discurso. A função de associação mapeia os elementos do universo em valores numéricos no intervalo [0, 1].

**Função linear por partes:** Uma função f (x) que pode ser dividida em vários segmentos lineares, cada um dos quais é definido para um intervalo não sobreposto de x.

**Fuzzificação:** O processo de decompor uma entrada e / ou saída do sistema em um ou mais conjuntos difusos. Muitos tipos de curvas podem ser usados, mas as funções de associação em forma triangular ou trapezoidal são as mais comuns.

**Generalização do espaço de estados:** a técnica de agrupar estados no MDP subjacente e tratá-los como equivalentes para certos fins.

**Generalização:** As redes neurais artificiais, uma vez treinadas, são capazes de generalizar além dos itens nos quais foram treinadas e produzir uma saída semelhante em resposta a entradas semelhantes às encontradas no treinamento.

**Hipótese do Espaço:** O conjunto de todas as hipóteses em que se supõe que a hipótese objetiva seja encontrada, usando imagem em regiões separadas (sem sobreposição).

**Imagem médica:** uma especialidade médica que usa raios X, raios gama, ondas sonoras de alta frequência e campos magnéticos para produzir imagens de órgãos e outras estruturas internas do corpo. Na radiologia diagnóstica, o objetivo é detectar e diagnosticar doenças, enquanto

**Imagens Médicas:** Imagens geradas em equipamentos especiais, utilizados para auxiliar no diagnóstico médico. Ex .: imagens de raios X, tomografia computadorizada, imagens de ressonância magnética.

**Inteligência Artificial:** se refere a algoritmos computacionais capazes de pesquisar, identificar, elaborar, diagnosticar e tomar decisões acerca do mundo físico e virtual, com ou sem o auxílio de humanos, para inclusive se auto programarem com vistas à otimização dos processos e soluções direcionados à manutenção e melhoria da saúde humana e de seus ecossistemas em suas múltiplas dimensões.

**Inteligência Swarm (SI)**: a propriedade de um sistema pelo qual os comportamentos coletivos de agentes não sofisticados que interagem localmente com seu ambiente fazem surgir padrões globais funcionais coerentes.

**Limiar:** Uma técnica para o processamento de imagens digitais que consiste em aplicar uma determinada propriedade ou operação aos pixels cujo valor de intensidade excede um limite definido.

**Lógica Fuzzy:** é uma área de aplicação da teoria dos conjuntos fuzzy que lida com a incerteza no raciocínio. Utiliza conceitos, princípios e métodos desenvolvidos na teoria dos conjuntos difusos para formular várias formas de raciocínio aproximado por som. A lógica difusa permite que os valores de associação configurados variem (inclusive) entre 0 e 1 e, em sua forma linguística, conceitos imprecisos como "um pouco", "bastante" e "muito". Especificamente, permite a participação parcial em um conjunto.

**Maldição da dimensionalidade:** Uma situação em que o número de características (genes) é muito maior que o número de instâncias (amostras biológicas) que é conhecido nas estatísticas como problema $p \gg n$.

**Mapa de auto-organização (SOM):** O mapa de auto-organização é um subtipo de redes neurais artificiais. Ele é treinado usando aprendizado não supervisionado para produzir representação em baixa dimensão das amostras de treinamento, preservando as propriedades topológicas do espaço de entrada. O mapa auto-organizado é uma rede de alimentação de camada única, onde as sintaxes de saída são organizadas em grade de baixa dimensão (geralmente 2D ou 3D). Cada entrada está conectada a todos os neurônios de saída. Ligado a todos os neurônios, existe um vetor de peso com a mesma dimensionalidade

**Mapas auto-organizados:** Categoria de algoritmos baseados em redes neurais artificiais que buscam, por meio da auto-organização, criar um mapa de características que representam as amostras envolvidas em um determinado problema.

**Memória Associativa Dinâmica:** Um tipo especial de memória associativa composta por sinapses dinâmicas. Essa memória ajusta os valores de suas sinapses durante fase de recuperação em resposta a estímulos de entrada.

**Memória associativa:** dispositivo matemático especialmente projetado para recuperar padrões de saída da entrada padrões que podem ser alterados pelo ruído.

**MIAME:** informações mínimas sobre uma experiência de microarray. Padrão que indica as informações mínimas necessárias para experimentos de microarranjos.

**Microarray:** é um ensaio experimental que mede a abundância de mRNA (intermediário entre DNA e proteínas) correspondente aos níveis de expressão gênica em amostras biológicas.

**MicroArrays:** Uma tecnologia que utiliza uma matriz de alta densidade de ácidos nucléicos, proteínas ou tecidos para examinar simultaneamente interações biológicas complexas que são identificadas por localização específica em uma matriz.

**Modelo:** conhecido como *kernel*, ou *kernel de convolução*, é o conjunto de coeficientes utilizados para executar uma operação de filtro espacial sobre uma imagem digital por meio do operador de convolução espacial.

**Neurônios Artificiais / Neurônios Modelo:** são os elementos de processamento que compõem uma rede neural artificial. No contexto de redes neurais caóticas, esses modelos incluem a representação de aspectos da neurodinâmica complexa.

**Neurônios modelo caótico:** neurônios modelo que incorporam aspectos dos sistemas dinâmicos caóticos observados no neurônio biológico isolado ou em conjuntos de vários neurônios biológicos. Nos neurônios biológicos este comportamento, por exemplo, aparece na doença de Parkinson.

**Ontologia:** em ciência da computação, esse termo refere-se à tentativa de formular um esquema conceitual exaustivo e rigoroso em um determinado domínio, com o objetivo de facilitar a comunicação e o compartilhamento de informações entre sistemas.

**Operador fuzzy:** operações que nos permitem combinar conjuntos fuzzy. Os operadores fuzzy mais comuns são: igualdade, contenção, complemento, interseção e união.

**Padrões coletivos espaço-temporais:** são redes neurais biológicas ou não que configuram uma estrutura ou função específica durante um tempo. Atratores são exemplos.

**Panpsiquismo**: crença que associada ao computacionalismo advoga que tudo no universo é cognoscível. Isto é diferente da compreensão da física quântica de que toda matéria, permanentemente emite e recebe energia (uma forma de sinal).

**Paradigma Evolucionário (EP):** O nome coletivo de vários métodos de solução de problemas que utilizam princípios de evolução biológica, como seleção natural e herança genética. Por exemplo, modelos bioinspirados, podem ser utilizados em algoritmos que simulem o espalhamento de um novo vírus em humanos no planeta.

**PCA:** A análise de componentes principais é uma técnica usado para reduzir conjuntos de dados multidimensionais para reduzir dimensões para análise. PCA envolve o cálculo da decomposição de autovalor de um conjunto de dados, geralmente após média, centralizando os dados para cada atributo.

**Polinômio de Chebyshev:** Um tipo importante de polinômio usado na interpolação de dados, fornecendo a melhor aproximação de uma função contínua sob a norma máxima.

**Pontos estimulantes:** pontos característicos de um objeto em uma imagem usada durante o aprendizado e o reconhecimento, que capta a atenção de uma criança. Estes pontos estimulantes são usados para treinar a memória associativa dinâmica.

**Problema de teste múltiplo:** um problema que ocorre quando um grande número de hipóteses é testado simultaneamente usando um valor de p de α definido pelo usuário que pode levar à rejeição de um número não desprezível de valores nulos. hipóteses por acaso.

**Processamento clássico de símbolos:** A visão clássica da cognição era que ela era análoga à computação simbólica em computadores digitais. As informações são representadas como cadeias de símbolos, e o processamento cognitivo envolve a manipulação dessas cadeias por meio de um conjunto de regras. Sob essa visão, os detalhes de como essa computação é implementada não são considerados importantes.

**Processo de decisão de Markov com estado fatorado:** Uma extensão ao formalismo MDP usado na RL hierárquica, em que a probabilidade de transição é definida em termos de fatores, permitindo que a representação ignore determinadas variáveis de estado em determinados contextos.

**Processo de Decisão de Markov (MDP):** O formalismo mais comum para ambientes usados no aprendizado por reforço, onde o problema é descrito em termos de um conjunto finito de estados, um conjunto finito de ações, probabilidades de transição entre estados, um sinal de recompensa e um

**Processo de Decisão Semi-Markov:** Uma extensão ao formalismo do MDP que lida com ações estendidas temporalmente e / ou tempo contínuo.

R: Linguagem e ambiente de programação para análise gráfica e estatística.

**Reconhecimento de Padrões:** Área de pesquisa que inclui o desenvolvimento de métodos e técnicas automatizadas para identificação e classificação de amostras em grupos específicos, de acordo com características representativas.

**Redes Neurais Artificiais (RNAs):** Um sistema sintético de processamento de informações composto por várias unidades de processamento não-linear simples, conectadas por elementos que possuem armazenamento de informações e funções de programação, adaptando-se e aprendendo com padrões, que imitam uma rede neural biológica.

**Redes Neurais Fuzzy (FNN):** são redes neurais aprimoradas com capacidade de lógica difusa, como o uso de dados difusos, regras difusas, conjuntos e valores.

**Redução de dimensionalidade:** localizando um conjunto de dados reduzido, com a capacidade de mapear um conjunto maior.

**Regra de Aprendizagem:** Estratégia de mudança de peso em um sistema conexionista com o objetivo de otimizar uma determinada função objetivo. As regras de aprendizado são aplicadas iterativamente às entradas do conjunto de treinamento, com erros gradualmente reduzidos à medida que os pesos estão se adaptando.

**Sala chinesa:** no experimento mental de Searle, ele nos pede para imaginar um homem sentado em uma sala com vários livros de regras. Um conjunto de símbolos é passado para a sala. O homem processa os símbolos de acordo com os livros de regras e passa um novo conjunto de símbolos para fora da sala. Os símbolos postados na sala correspondem a uma pergunta chinesa e os símbolos que ele distribui são a resposta para a pergunta, em chinês. No entanto, o homem que segue as regras não tem conhecimento de chinês. O exemplo sugere que um programa de computador poderia seguir regras de forma semelhante para responder a uma pergunta sem qualquer entendimento.

**Segmentação:** na visão computacional, segmentação refere-se ao processo de particionar uma imagem digital em várias regiões. O objetivo da segmentação é simplificar e / ou alterar a representação de uma imagem em algo mais significativo e fácil de analisar.

**Seleção aleatória:** seleção de um ou mais componentes de um vetor de maneira aleatória. Técnicas de seleção aleatória são usadas para reduzir multidimensional conjuntos de dados para dimensões inferiores para análise.

**Seleção de Recursos:** Problema em encontrar um subconjunto (ou subconjuntos) de recursos para melhorar o desempenho dos algoritmos de aprendizado.

**Separação de fonte cega (BSS):** Separação de sinais de fonte latentes não redundantes (por exemplo, mutuamente estatisticamente independentes ou correlacionados) de um conjunto de misturas lineares, de modo que a regularidade de cada sinal resultante seja maximizada e a regularidade entre os sinais seja minimizada (isto é, a independência estatística é maximizada) sem (quase) nenhuma informação sobre as fontes.

**Sinapses dinâmicas:** sinapses que modificaram suas valores em resposta a um estímulo de entrada também durante recordando fases.

**Sistema Especialista:** Computador ou programa de computador que pode dar respostas semelhantes às de um especialista.

**Sistemas de Avaliação Automática:** Aplicações focadas na avaliação dos pontos fortes e fracos dos alunos em diferentes atividades de aprendizagem através de testes de avaliação.

**Sistemas de inferência difusa:** Uma sequência de instruções condicionais difusas que podem conter atribuição difusa e instruções condicionais. A execução de tais instruções é governada pela regra de inferência composicional e pela regra de alternativa preponderante.

**Sistemas Neuro-Difusos (NFS):** Um sistema neuro-difuso é um sistema difuso que usa um algoritmo de aprendizado derivado ou inspirado na teoria das redes neurais para determinar seus parâmetros (conjuntos difusos e regras difusas) através do processamento de amostras de dados com vistas a gerar prognósticos confiáveis.

**Computação Soft:** usualmente refere-se à interdisciplinaridade entre computação, neurociência, biomecânica, inteligência artificial, machine learning, lógica fuzzy, teoria das probabilidades, dentre outras, para construir modelos e sua validação para explicação de fenômenos complexos. A *computação soft*, lida com a imprecisão dentro de limites aceitáveis, com a incerteza idem, e com a verdade parcial, para assim, ser mais próxima do mundo como ele é.

**String**: em computação é uma sequência de caracteres utilizados para representar frases de um programa, usualmente, são expressas através de variáveis.

**Técnicas baseadas em topologia (TBT):** um grupo de métodos que usa propriedades geométricas de um conjunto de objetos no espaço e sua proximidade

**Tomografia computadorizada:** Exploração de raios X que produz imagens detalhadas de cortes axiais do corpo. Um CT obtém muitas imagens girando ao redor do corpo. Um computador combina todas essas imagens em uma imagem final que representa o corte do corpo como uma fatia.

**Tuple**: em programação que utiliza banco de dados, usualmente se refere a uma sequência ordenada e finita de elementos. Cada elemento possui um nome identificador (nem toda tupla precisa ter um) e um valor. Exemplo em Biomecânica:

INSERT (homem, massacorporal, imc, torquemax, alturacg, ang_joelho, ang_quadril, ang_peperna) VALUES ("Adolph", 78.98, 24.16, 893.00, 1.02, 58.00, 45.00, 30.00)

**VLSI:** (*Very Large Scale Integration*). Refere-se ao processo de criação de circuitos integrados combinando centenas de milhões de circuitos baseados em transistor em um único chip. Um dispositivo VLSI típico é o microprocessador. É decisivo para o sucesso de alguns algoritmos complexos em IA.

**Referências**

ABBOTT, L. F. (1991). Realistic synaptic inputs for model neural networks. Network, 2:245-258.

ABBOTT, L. F., BLUM, K. I. (1996). Functional signifcance of long-term potentiation for sequence learning and prediction. Cereb. Cortex, 6:406-416.

ALBUS, J.S. (1971). A theory of cerebellarfunction.Mathematical biosciences.10,25-61.

BECHTEL, W. . ABRAHAMSEN, A. *Connectionism and the Mind: Parallel Processing, Dynamics and Evolution in Networks* (Blackwell, Oxford, 2002)

BELMANN, R. An Introduction to Artificial Intelligence: Can Computers Think? New York: Wiley.1978

BENGIO,Y. Learning deep architectures for AI. Found. Trends Mach. Learn. 2(1), 1–127 (2009)

BETHGE, M.ET AL. Noise as a signal for neuronal populations. Phys. Rev. Lett.(2001).

BI, G., POO, M. Synaptic modifcation of correlated activity: Hebb's postulate revisited. Ann. Rev. Neurosci., 24:139-166.(2001).

BISHOP, J. M. A Cognitive Computation Fallacy? Cognition, Computations and Panpsychism. Cognitive Computation, *1(3), 221–233*.(2009).

GOODFELLOW, Y.I. BENGIO, A. COURVILLE, *Deep Learning* (MIT Press, Cambridge, (2016).

HEBB, D. O. The organization of behavior. Wiley, New York. (1949).

HOBSBAWM, Eric J. A era das revoluções – Europa 1789-1848. São Paulo: Paz e Terra, 1977.

HOCHREITER,S., SCHMIDHUBER J., Long short-term memory. Neural Comput. **9**(8), 1735–1780 (1997).

HOPFIELD,J.J. Neural networks and physical systems with emergent collective computational abilities. Proc. Nat. Acad. Sci. U.S.A **79** (8), 2554–2558 (1982).

HRYCEJ, T. Self-organization by delta rule. 1990 IJCNN International Joint Conference on Neural Networks, 1990.

HUBEL, D.H. WIESEL,T.N. Receptive fields and functional architecture of monkey striate cortex. Journal Physiol. 195 (1), (1968).

ITO, M. The Cerebellum and Neural Control. Raven Press, New York. (1984).

KEMPTER, R., GERSTNER, W., VAN HEMMEN, J. L. Intrinsic stabilization of output rates by spike-based hebbian learning. Neural Comput. (2001).

KISTLER, W. M. DE ZEEUW, C. I. Dynamical working memory and timed responses: the role of reverberating loops in the olivocerebellar system. Neural Comput. v.14, n.11, (2002).

KURZWEIL, Ray. The Age of Intelligent Machines. Cambridge, MA: MIT Press. (1990).

MARR, D. A theory of cerebellar cortex. Journal Physiology. 202, 437-470.(1969).

MEYER, C., VAN VREESWIJK, C. Temporal correlations in stochastic networks of spiking neurons. Neural Comput. v14,n2, 2002

MINSKY, M. PAPERT, S. Perceptrons: An Introduction to Computational Geometry (MIT Press, Cambridge, (1969).

MODHA, D. S. ET AL,. Cognitive computing. Communications of the ACM, v.54, n8, 62. (2011).

NIELSEN, M.A. Neural Networks and Deep Learning. Determination Press, (2015).

NILSSON, N. Artificial Intelligence: A New Synthesis. China Press: Morgan Kaufmann. 1998.

PARKER, D.B. Learning-logic. Technical Report-47 (MIT Center for Computational Research in Economics and Management Science, Cambridge, (1985).

PASSOS, R.P. e VILELA JUNIOR, G.B. Inteligência artificial nas ciências da saúde. Revista CPAQV, v10, n1, (2018).

RAO, R. P. N., SEJNOWSKI, T. J. Spiketiming dependent Hebbian plasticity as temporal difference learning. Neural Comput., n.13, p.2221-2237, (2001).

RODRIGUEZ, A.G. et al Pronation and supination analysis based on biomechanical signals. In Artificial Intelligence in Medicine, n.84, (2018).

RUMELHART, D.E. HINTON, G.E. WILLIAMS, R.J. Learning internal representations by error propagation. Parallel Distrib. Process. n.1. p.318–362, (1986).

RUSSELL, S., NORVIG, P. Artificial Intelligence: A Modern Approach, London:Pearsons, (2010).

TIBSHIRANI, R., HASTIE, T. The Elements of Statistical Learning: Data Mining, Inference, and Prediction, (New York: Springer, (2016).

TRUONG, T. T. Backtracking gradient descent allowing unbounded. Mathematics optimization and control. https://arxiv.org/abs/2001.02005v2 , (2020).

UNESCO, Nações Unidas. UNESCO: 750 milhões de jovens e adultos no mundo são analfabetos. Disponível em: https://nacoesunidas.org/unesco-750-milhoes-de-jovens-e-adultos-no-mundo-sao-analfabetos/. (2019).

VAN ROSSUM, M. C. W., BI, G. Q., TURRIGIANO, G. G. (2000). Stable Hebbian learning from spike timing-dependent plasticity. J. Neurosci., 20:8812- 8821

VILELA JUNIOR, Guanis, B., Modelo Hebb- Albus- Marr, controle neuromotor e cerebelo. Revista CPAQV, v10, n3, 2018.

WERBOS, P.J Beyond Regression: New Tools for Prediction and Analysis in the Behavioral Sciences (Harvard University, Cambridge, (1975).

WINSTON, Patrick H. Artificial intelligence. (1992).

ZHANG, X.J. ET AL. Character-level convolutional networks for text classification, in Advances in Neural Information Processing Systems 28, NIPS (2015).

# Índice Remissivo

Algoritmo, 102

Aprendizagem, 103, 113

Array, 69, 107

Backpropagation, 61, 104

BBS, 12

Biomecânica, 115

Centroide, 47

CFA, 69

Classificação, 34

CMH, 70

CMOS, 69

Cognição, 78

Computação, 4, 78, 104, 115

Conexionismo, 104, 105

Convolução, 105

Deep Learning, 117, 119

Delta, 58, 62, 104

Derivada, 91

Distância Manhattan, 48, 106

Epistemologia, 106

epoch, 59

Erro, 39

ético, 10

Feedforward, 4, 51

Função, 37, 60, 107

Fuzzy, 4, 31, 33, 109, 113
Gradiente, 61, 74
Hamming, 76, 106
Imagem, 108
K-means, 43, 44
Lógica, 4, 31, 32, 33, 109
Mahalanobis, 48, 106
Manhattan, 47, 48, 50
Matriz, 52, 100
Momentum, 60
Movimento Humano, 70, 123
nós, 9, 24, 73, 76, 80, 84
Número, 28, 60
Percepção, 16
Performance, 16
Persistência, 16
Python, 22, 59, 63, 67, 70, 80, 87
Sistema, 6, 62, 114
Sol, 104
Soma, 39
Tuple, 115
Voronoy, 106
XOR, 55, 56, 76

**Sobre o Autor:**
**Dr. Guanis de Barros Vilela Junior**

Professor e pesquisador, doutorado pela Unicamp; há mais de 40 anos estuda problemas na perspectiva da complexidade, tais como, biomecânica, controle neuromotor e aprendizagem motora e percepção de qualidade de vida. Possui mais de 300 publicações científicas, nacionais e internacionais (artigos, livros e capítulos de livros) na área da saúde. Fundador do Centro de Pesquisas Avançadas em Qualidade de Vida (CPAQV) e da Associação Brasileira das Ciências do Movimento Humano (ABCMH). Atualmente orienta vários projetos de doutorado e mestrado ligados à Inteligência Artificial e seus diferentes métodos aplicados à saúde, na perspectiva do diagnóstico, da prevenção e da intervenção.

www.ingramcontent.com/pod-product-compliance
Lightning Source LLC
Chambersburg PA
CBHW040314220526
45473CB00009B/2435